"쏙쏙" 비우고 "쑥쑥" 크는

삼둥이 율브로맘
튼튼 유아식

류수현 지음

길벗

싹싹 비우고 쑥쑥 크는
삼둥이 율브로맘 튼튼 유아식

초판 발행 · 2021년 10월 20일

지은이 · 류수현
발행인 · 이종원
발행처 · (주) 도서출판 길벗
출판사 등록일 · 1990년 12월 24일
주소 · 서울시 마포구 월드컵로 10길 56 (서교동)
대표전화 · 02) 332-0931 | **팩스** · 02)323-0586
홈페이지 · www.gilbut.co.kr | **이메일** · gilbut@gilbut.co.kr

편집팀장 · 민보람 | **기획 및 책임편집** · 서랑례(rangrye@gilbut.co.kr) | **제작** · 이준호, 손일순, 이진혁
영업마케팅 · 한준희 | **웹마케팅** · 김윤희, 김선영 | **영업관리** · 김명자 | **독자지원** · 송혜란, 윤정아

디자인 · 김효진 | **교정교열** · 추지영 | **영양 칼럼** · 김은미
사진 · 장봉영 | **사진 어시스턴트** · 박효정, 정영서 | **푸드스타일링** · 정재은 | **푸드스타일링 어시스턴트** · 장미진, 이지은, 변연서, 정민화, 한수지
CTP 출력 · 인쇄 · 제본 상지사피앤피

ISBN 979-11-6521-718-1 (13590)
(길벗 도서번호 020169)

© 류수현
정가 17,000원

독자의 1초까지 아껴주는 정성 길벗출판사
(주)도서출판 길벗 | IT실용, IT/일반 수험서, 경제경영, 취미실용, 인문교양(더퀘스트) www.gilbut.co.kr
길벗이지톡 | 어학단행본, 어학수험서 www.eztok.co.kr
길벗스쿨 | 국어학습, 수학학습, 어린이교양, 주니어 어학학습, 교과서 www.gilbutschool.co.kr
페이스북 · www.facebook.com/gilbutzigy | **트위터** · www.twitter.com/gilbutzigy

독자의 1초를 아껴주는 정성!
세상이 아무리 바쁘게 돌아가더라도
책까지 아무렇게나 빨리 만들 수는 없습니다.

인스턴트 식품 같은 책보다는
오래 익힌 술이나 장맛이 밴 책을 만들고 싶습니다.

땀 흘리며 일하는 당신을 위해
한 권 한 권 마음을 다해 만들겠습니다.

마지막 페이지에서 만날 새로운 당신을 위해
더 나은 길을 준비하겠습니다.

독자의 1초를 아껴주는 정성을 만나보십시오.

| 01 | 율브로맘이 전하는 다양한 읽을 거리

인스타그램 팔로워들이 가장 궁금해했던 질문들을 모았습니다.
아이들의 편식 문제부터 레시피 아이디어까지
선배 율브로맘이 다양한 고민에 응답합니다.
또한 이 책에 사용된 계량법 및
재료 써는 방법을 알기 쉽게 풀어놓았습니다.
초보 엄마도 이 책에 나온 계량법을 따라
레시피대로 조리한다면 맛있는 유아식을 만들 수 있습니다.

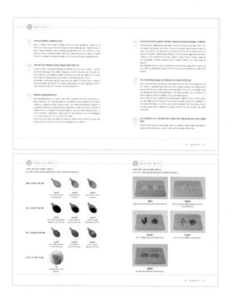

| 02 | 전문성을 더하는 영양사 칼럼

유아식을 시작하기에 앞서 꼭 알아두어야 할 기본 가이드를
베테랑 영양사 선생님의 칼럼으로 풀어냈습니다.
꼭 먹여야 할 영양소는 무엇인지, 하루 섭취 칼로리는 얼마인지 등
초보 엄마라면 누구나 궁금해할 만한 내용을
알기 쉽게 소개합니다.

| 03 | 율브로맘의 맛있고 건강한 레시피 소개

❶ 삼둥이들이 잘 먹었던 요리를 먹음직스러운 사진과 함께 소개합니다.

❷ 재료 손질부터 완성까지 걸리는 시간을 알려줍니다.

❸ 레시피에 사용되는 주재료와 부재료를 나누어 보여줍니다.

❹ 한 번 만들면 대략 몇 회 정도 먹을 수 있는지 알려줍니다.

❺ 파트별로 보기 쉽게 인덱스로 구분하였습니다.

❻ 모든 요리 과정은 자세한 사진과 친절한 설명으로 풀어냈습니다.

❼ 삼둥이들은 이 음식을 몇 개월부터 먹었는지, 다른 대체 재료는 없는지 등 레시피에 대해 율브로맘이 추가로 알려주고 싶은 내용을 적어두었습니다.

 미리 알려드립니다!

• 이 책에 소개된 레시피는 인스타그램 계정 @triplets_yul에 올라간 레시피를 책의 특성에 맞게 정리, 수정한 것입니다. 현재 @triplets_yul에 올라와 있는 영상 속 레시피와는 약간의 차이가 있을 수 있습니다.

• 이 책은 삼둥이가 3~5세 때 먹은 레시피를 중심으로 책에 맞게 편집 소개한 것입니다.

• 이 책은 생후 12개월부터 초등학교 입학 전까지 먹을 수 있는 다양한 레시피를 소개한 것입니다. 하지만 유아식 초기의 아이들이나 간을 한 음식을 먹어보지 않은 아이들이라면 자극적일 수도 있으니 양념이나 간을 아이들의 입맛에 맞게 조절해주세요. 후춧가루나 파, 마늘 등은 간에 상관없이 아이가 먹지 않는다면 생략해주세요.

• 이 책에 소개된 분량의 경우 한 끼 식사 기준으로 넉넉하게 몇 회를 먹일 수 있는지 적어두었습니다. 아이의 양에 따라 분량은 달라질 수 있습니다. 면요리는 아이뿐 아니라 간만 추가하면 엄마, 아빠도 한 끼 식사를 해결할 수 있을 만큼 넉넉한 분량으로 만들었습니다.

세상 모든 엄마들의 마음이 다 똑같겠지만 저에게 삼둥이는 더욱 특별합니다. 힘들게 얻었고, 힘들게 낳았고, 아직도 힘들게 키우고 있죠. 작고 약하게 태어난 삼둥이였기에 바라는 것은 오직 '밝고 건강하게만 자라다오'였습니다. 잘 먹고, 잘 자고, 잘 커준다면 그보다 더한 기쁨은 없겠죠.

저의 '유아식 레시피'는 그렇게 시작됐습니다. 저희 엄마가 저를 키웠던 방식 그대로 좋은 식재료에 엄마의 마음이 더해진 그런 식단을 만들려고 노력했어요. 아이들 입으로 들어가는 음식만큼은 '세상 건강한 엄마표 음식'이었으면 하는 바람이었습니다. 해본 적도, 배워본 적도 없는 '유아식의 세계'는 참으로 멀고도 험난했어요. 아이들이 맛있게 먹는 반찬을 만들기 위해 온오프라인을 찾아가며 레시피를 공부하고 하루가 멀다 하고 친정엄마에게 전화를 걸어 요리법을 배우며 많은 시간을 할애했습니다. 아무도 시킨 적 없는 그 길을 스스로 걷고 있었던 거죠.

인스타그램을 통해 많은 분들에게 받았던 위로와 응원의 메시지를 기억하고 있습니다. 늘 감사했고, 덕분에 힘내서 삼둥이 육아에 매진할 수 있었어요. 그리고 그분들에게 보답하는 마음으로 삼둥이들이 잘 먹었던 음식 레시피를 공유하게 되었습니다. 처음에는 단순히 식단 사진을 올리는 것으로 시작해 지금은 요리 과정을 영상으로 만들어 올리고 있습니다.

내가 만들어준 반찬들을 삼둥이가 잘 먹는 모습에, 그리고 인스타그램 팔로워들의 감사 인사와 칭찬에 뿌듯해하며 요리하는 시간이 점점 더 즐거워졌고 조금씩 자신감이 붙기 시작했습니다.

그렇게 시간이 흘러 삼둥이는 어느새 5세가 되었고, 코로나19로 온 세상이 혼란스러울 즈음 출판사로부터 연락을 받았습니다. 유아식 레시피 책을 내보자는 제안이었죠.

"제가 요리책을요?"

언감생심! 말도 안 된다며 단칼에 거절했지만 한편에는 '한번 해볼까?' 싶은 마음도 있었습니다. '할 수 있다!'며 응원해준 남편, '해보지도 않고 못 한다고 하면 새로운 일은 하나도 못 하겠네?'라며 독려하는 친정엄마의 말에 용기를 내보았습니다.

그렇게 탄생한 이 책에는 고기를 먹기 싫어하는 아이들을 위한 육식 요리, 채소만 골라내는 아이들을 위한 채식 요리, 삼둥이가 특히 잘 먹었던 특별 요리 등 인스타그램에서 반응이 좋았던 메뉴들을 모두 담았습니다.

어느 집 냉장고에나 있을 법한 재료와 양념장으로 쉽고 간단하게 만들려고 노력했어요. 아이들의 입맛, 취향, 엄마들이 해오던 간 정도가 저마다 다르기에 모든 아이들이 다 잘 먹을 수는 없겠죠. 하지만 양념과 재료들을 가감해서 엄마표 요리로 만들어주면 차츰차츰 잘 먹을 거라고 생각합니다.

길어지는 코로나19 여파로 낮에는 육아, 밤에는 요리, 빠질 수 없었던 혼술과 새벽에는 레시피를 고민하며 보내온 지난날들이 주마등처럼 스쳐 지나가네요. 감개무량한 이 마음을 표현할 길이 없습니다.

책 출판을 앞둔 지금 이 순간이 지난 41년 인생 중 세 번째로 행복한 시간이 될 것 같아요. 첫 번째는 남편과 결혼한 날, 두 번째는 우리 삼둥이를 만난 날이거든요.

지칠 때마다 응원해준 남편과 가족들, 그리고 '엄마, 힘내!'라며 고사리 같은 손으로 어깨를 주물러 주던 삼둥이, 별것 없는 저만의 레시피도 사랑해주신 인스타그램 친구분들, 책 제목을 함께 고민해주신 팔로워들, 그 외에도 정말 많은 분들에게 감사 인사를 전하고 싶습니다.

식사 시간이 '고통'이었던 엄마들과 아이들에게 즐겁고 맛있는 식탁을 선사할 수 있기를 바라는 마음으로 이 책을 마무리해봅니다. 제 인생의 가장 큰 보물이자 숙원인 우리 삼둥이가 몸과 마음이 건강하고 튼튼한 어른으로 자라 훗날 태어날 손주들에게 이 레시피대로 요리를 해주는 날이 오지 않을까 하는 작은 소망도 품어봅니다.

모두 맛있게 드시고, 건강하세요.
그리고 여러분! 아무것도 모르던 삼둥이 엄마도 해냈습니다!
세상의 모든 엄마들을 응원해요! 힘내세요!
우리도 할 수 있습니다. 파이팅!

CONTENTS

Part. 1 김치

Part. 2 부찬

Part. 3 주찬

Part. 4 국·찌개

Part. 5
면요리

Part. 6
한 그릇 밥

Part. 7
간식

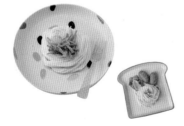

임신과 출산이 가장 어려웠어요

회사 연말 행사 준비로 어느 때보다 바쁜 하루를 보내던 2010년 서른 살의 11월, 결혼 2년 차에 처음으로 임신 테스터에서 두 줄을 확인했다. 호들갑을 떠는 신랑과는 달리 결혼하면 으레 임신하게 마련이라는 듯 덤덤했던 나는 배 속 아이보다 회사 일에 더 신경 쓰며 일상을 보내고 있었다. 행사를 무사히 마치고 식당에 들어가는데 아랫배가 싸하는 듯하더니 피가 비쳤다. 그렇게 나는 첫 번째 아이를 떠나보냈다.

첫 번째라는 표현을 써야 함에 마음이 아프지만 그 뒤로도 일곱 번, 나는 총 여덟 번의 유산을 했다. 세 번째 임신을 했을 때부터 유산방지 주사를 맞아가며 조심했지만 결과는 항상 같았다. 습관유산으로 유명하다는 병원들을 찾아다니며 수많은 검사를 받았지만 결과는 원인불명. 무엇 때문인지 알 수 없다는 것이 사람을 더 미치게 만들었다.

그동안 나의 몸과 마음은 만신창이가 되었고, 아이를 갖고 싶은 마음은 바람을 넘어 간절함으로 변해갔다. 나름 회사에 대한 자부심과 일에 대해 욕심이 많았던 나는 오랜 기간 몸담았던 회사를 그만두고 이름난 산부인과와 한의원을 찾아다녔다. 그리고 권유받은 것이 시험관 시술이었다.

첫 번째 시술에서 실패하고 두 번째 시술 후 피 말리는 듯한 시간 끝에 들려온 소식은 그토록 기다리던 임신이었다. 전화로 통보를 받고 목 놓아 울었다. 그렇게 난 아홉 번째 임신을 했다. 이번만큼은 꼭 지켜내야 한다는 생각에 밥 먹을 때, 씻을 때, 화장실 갈 때 말고는 온종일 누워서 지냈다. 외출은 나에게 사치였다.

초음파 검사가 있던 날 얼마나 떨리고 긴장을 했던지 신랑의 손을 꼭 잡고 있었다. 그런데 신랑의 손이 땀으로 촉촉해져 오자 내가 그의 등을 어루만지며 마주 보고 웃었던 기억이 난다. 초음파를 보면서 우리 둘, 아니 선생님까지 모두 놀라지 않을 수 없었다. 완두콩처럼 너무 예쁘고 동그란 아기집 3개가 보란 듯이 자리를 잡고 있었던 것이다. 평소에 쌍둥이도 상상한 적 없었던 터라 놀란 가슴이 쉽사리 가라앉지 않았다. 기쁜 한편으로 어안이 벙벙했다.

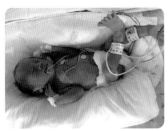  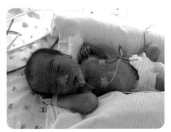

그런데 선생님께서 차분한 목소리로 하신 말씀은 놀라움을 넘어 충격이었다. 세쌍둥이는 고위험군 임산부로 나의 작은 체구와 유산 이력을 감안했을 때 위험할 수 있다며 조심스럽게 선택유산을 권유한 것이다.

또다시 내 아이가 위험해질 수 있다고 생각하니 이러지도 저러지도 못하고 막막함에 그저 눈물만 흘렸다. 그렇다고 내 욕심만 부릴 수도 없는 문제였다. 고민의 시간을 보내고 있을 때 남편에게 전화가 걸려왔다.

"우리가 그동안 얼마나 많은 아이들을 보냈는데 어떻게 우리 손으로 또 떠나보낼 생각을 하고 있어. 내가 잘할게."

나는 아이에게 미안한 마음과 남편에 대한 고마움으로 아무런 대답을 하지 못하고 소리 없이 눈물만 흘렸다.

임신 8주부터 시작되어 끝을 모르던 입덧, 온몸에 상처를 내며 매일 밤 눈물짓게 했던 소양증, 혼자 앉아 있을 수도 없이 어지러웠던 이석증, 빈번한 자궁 출혈과 변비, 비염까지. 불면증과 더불어 막달이 다가올수록 누워서 숨 쉬기도 힘들어 앉아서 겨우 잠을 청한 적도 있었다. 30주가 되면서 참을 수 없는 고통에 입원과 퇴원을 반복했다. 그러다 34주 6일째 되던 날 긴급 수술에 들어가 아이 셋을 낳았다. 수술실에 울려 퍼진 아이들의 울음 소리, 한 아이씩 얼굴을 맞대는 순간 너무나 감격스러워 눈물을 흘렸다.

"선생님, 아이들 자가 호흡 하나요?"
"네, 셋 다 잘하고 있어요."
'셋 다' 세상에 그렇게 멋지고 감동적인 말이 또 있을까.

첫째 2.0kg, 둘째 1.4kg, 셋째 1.88kg 만지기도 무서울 정도로 작고 마른, 흡사 외계인 같은 아이들이 내 눈앞에 있었다.

'애들아 안녕? 엄마야~ 세상에 나오느라 정말 고생 많았어. 우리 잘 지내보자.'

첫째 시율이의 입을 연 하마 놀이!

이유식을 시작하면서 둘째 지율이는 밥을 주기도 전에 아, 하고 입을 쩍쩍 벌려가며 맛있게 먹었고, 셋째 찬율이는 지율이만큼은 아니었지만 주는 대로 정량을 잘 먹었다. 문제는 첫째 시율이었다. 지율이와 찬율이가 다 먹고도 한참을 시율이 때문에 애를 먹어야 했고 식사 시간이 끝나면 진이 쭉 빠졌다.

다른 엄마들처럼 '아~'를 수백 번 외치고 비행기를 수백 번 날렸지만 그 무거운 입은 쉽사리 열리지 않았다.

말을 곧잘 따라 하고 책에도 관심이 많았던 삼둥이는 실사로 되어 있는 자연관찰 책을 특히 좋아했다. 동물, 곤충, 채소…… 그중 하마를 제일 좋아해 입을 크게 벌려 '하~마!' 하면 엄마의 입 모양을 따라 하려고 했다.

밥시간이 되어 하마 책을 보여주며 "이게 뭐지?"라고 하면 '하~마!'라고 입을 벌리는 순간 숟가락을 밀어 넣었다. 하마가 익숙해질 때쯤 사자 책을, 그리고 아기, 가지, 차 등등 식사 시간에는 'ㅏ' 자가 들어간 책들과 함께했다. 너덜너덜해진 하마 책을 여전히 애정하는 삼둥이다.

엄마! 조금 느려도 기다려주세요~

이유식도 유아식도 엄마를 가장 힘들게 하는 건 1호였다. 어느 날 김밥을 하나 먼저 먹고 휘파람을 불면 이기는 게임을 했다. 그 당시 휘파람을 불줄 아는 아이는 1호뿐이었기에 빨리 먹이려고 제안한 것이었다.

역시나 둘은 김밥을 하나 먹고 휘파람을 불려 노력했고 시율이도 게임에서 이기려고 열심히 김밥을 먹었다. 하지만 동생들의 모습을 보고 마음이 급했는지 결국 헛구역질을 하며 김밥을 쏟아내고 말았다.

두 아이와 비교하며 재촉했던 나 자신에게 화가 났고 시율이에게도 너무 미안했다. 그동안 시율이를 위해 밥을 먹인 것인지 나를 위해 먹이려고 한 것인지, 생각이 많았던 사건이었다.

시율이는 여러 번 씹어야 삼킬 수 있고 천천히 먹는 아이라는 것을, 시율이가 틀린 것이 아니라 다른 것임을 인정했다. 그러고 나니 기다리는 여유가 생겼고 재촉하지 않으니 시율이도 느리지만 편안하게 끝까지 잘 먹을 수 있었다.

오늘도 여전히 마지막까지 혼자 앉아 밥을 먹고 있는 시율이, 나는 그런 시율이를 느긋하게 기다린다.

엄마표 밥상의 위력!
가장 작게 태어난 둘째 지율이, 이제는 가장 큰 아이로~

둘째 지율이는 다른 두 아이에 비해 귀가 안쪽으로 많이 말려 있었다. 또한 건강상의 작은 문제들이 좀 있었다. 갑상선 수치가 좋지 않고, 황달도 너무 심했으며 그 힘든 망막 검사도 받아야 했다. 20일 동안 니큐(신생아 중환자실) 생활을 마치고 1.8kg에 퇴원을 해서도 갑상선 수치로 병원을 꾸준히 다녀야 했다.

지율이는 돌이 지나면서 유독 잔병치레를 많이 하고, 감기에 자주 걸려 중이염을 달고 살았다. 중이염을 앓은 지 수개월이 지났을 때쯤 예상한 대로 수술 이야기가 나왔다. 간단한 수술이었지만 전신마취를 해야 했고, 몸무게까지 너무 적어서 조금 더 지켜봐야 하는 상황이었다.

작게 태어난 아이들을 건강하게 키우기 위해 그동안 삼둥이의 먹거리에 공을 들여온 나였지만 그때는 특히 더 열심히 밥상을 준비했다. 그렇게 두 달 뒤 2018년 6월 8일, 두 번째 생일에 그 작디작은 몸으로 혼자 수술실에 들어가는 모습을 지켜봐야 했다.

그래도 이제 맑은 소리를 들을 수 있다는 생각에 마음이 놓였는데, 심한 만성 중이염으로 두 달 만에 재발하고 말았다. 항생제를 달고 살고, 중이염에 좋다는 한약도 지어 먹이고, 유명하다는 이비인후과도 다녔지만 더운 여름을 제외하고 중이염은 지독하게도 지율이를 괴롭혔다.

다섯 살 봄, 그대로 두었다간 청력에 문제가 있을 수 있다 하여 두 번째 중이염 수술 날짜를 잡았다. 하지만 얼마 뒤 코로나가 터지면서 불안한 마음에 수술을 취소했다.

하루 종일 삼둥이와 투닥거릴 일도 문제였지만 가장 걱정되는 부분은 단연 먹거리였다. 아이가 셋이니 육아를 하면서 음식까지 만들 시간과 마음의 여유가 없었다. 그래서 생각해낸 방법은 삼둥이를 일찍 재우고 저녁에 배달된 식재료로 다음 날 먹을 반찬과 간식을 미리 만들어두는 것이었다. 요리에만 집중하다 보니 조리 시간도 짧아지고 덕분에 다음 날 여유롭게 삼둥이와 놀아줄 수도 있었다.

낮에 시간이 날 때마다 삼둥이들이 특히 잘 먹어준 반찬이나 간식을 인스타그램에 공유했고 많은 분들의 응원과 호응을 얻었다. 그들의 격려와 응원이 집에서 아이들만 오롯이 돌보는 나에게 얼마나 큰 힘이 되었는지 모른다. '내일은 더 맛있고 건강한 요리를 해줘야지' 하는 생각으로 밤마다 음식을 만들었고 이 상황을 즐기려고 노력했다. 그래야만 버틸 수 있었다.

그렇게 가정보육 3개월째, 내 온몸에 일어난 두드러기 때문에 병원을 찾았을 때 의사 선생님이 지율이의 귀를 한번 확인해보자고 하셨다. 그런데 중이염이 흔적도 없이 사라졌다고 하는 것이 아닌가. 귓속이 깨끗하다는 것이었다.

너무 놀란 나는 눈물이 왈칵 쏟아지려는 것을 꾹 참고 지율이를 꼭 안아주었다.

1년이 조금 지난 지금 지율이의 귀는 여전히 깨끗하고 목에 힘을 주며 말하던 습관도 고쳐졌으며 목소리도 부드러워지고 하루가 다르게 말솜씨가 늘고 있다.

나 역시 그날의 감격을 잊지 않기 위해 오늘도 삼둥이들의 건강을 한 번 더 생각하며 사랑이 듬뿍 담긴 엄마표 밥상을 차려주려고 부단히 노력하고 있다. 그런 엄마의 정성을 알아주기라도 하듯 지율이는 삼시세끼 누구보다 잘 먹었고 양도 갈수록 늘어갔다. 1.4kg에 태어나 네 살까지 셋 중 가장 작고 말랐던 지율이는 현재 22kg에 이르러 거의 독보적으로 1등을 달리고 있다.

편식할 땐 호기심을 불러일으키는
엄마의 연기가 필요해요!

브로콜리가 건강에 좋은 채소라는 건 알지만 나조차 선뜻 손이 가지 않는다. 하지만 내 아이는 꼭 먹어주었으면 하는 마음을 엄마라면 누구나 공감할 것이다. 내 바람과는 달리 율브로도 브로콜리를 그리 좋아하지 않았다.

20개월에 접어든 어느 날 저녁 식판에 올려준 삶은 브로콜리는 식사가 끝났는데도 어김없이 그대로 남아 있었다. 버리기 아까워서 초고추장에 찍어 꾸역꾸역 먹고 있는데 시율이가 다가와 초고추장을 가리키며 뭐냐고 물었다.

"고추장이야. 아주 매워."

시율이는 매운 고추장을 먹는 엄마가 신기한 듯 계속 지켜보고 있었다. 그 순간 호기심이 발동한 나는 맛있는 척 연기를 하기 시작했다.

"음~ 맛있다. 정말 맛있네~ 세상에~ 우와~ 꿀맛이야~"

역시나 시율이가 브로콜리를 하나 집어 초고추장을 살짝 찍고 입으로 가져갔다. 그러고는 매울 텐데도 아닌 척 '음~ 정말 맛있네'라고 하는 것이 아닌가. 그러자 지율이와 찬율이도 관심을 보이며 다가와 초고추장을 찍어 먹겠다고 했다. 그러고는 믿을 수 없는 광경이 눈앞에 펼쳐졌다. 셋 다 브로콜리를 초고추장에 찍어 먹더니 맛있다며 양손에 들고 서로 더 먹겠다고 하는 것이었다. 나는 놀란 마음을 숨기고 "엄마 거야~ 그만 먹어~ 엄마도 먹고 싶어~"라며 너스레를 떨었다.

삼둥이는 그렇게 브로콜리에 입문했고, 이후로 브로콜리가 들어간 요리는 뭐든 잘 먹었다. 그냥 데친 브로콜리는 기본이고, 참기름과 깨소금만 넣어 무쳐도, 두부를 같이 으깨 버무려주어도, 카레나 볶음밥에 잔뜩 넣어도 너무 잘 먹었다.

그 뒤로도 나는 아이들이 잘 안 먹는 반찬이나 처음 보는 반찬을 낯설어하면 맛있게 먹는 척했다. 모든 반찬들을 성공한 건 아니었지만 항상 호기심을 불러일으켰고 효과가 좋았다. 편식하지 않는 시율이 지율이와는 달리 아직도 찬율이는 처음 먹어보는 반찬이나 식재료를 거부하는 경향이 조금은 있다. 하지만 여러 가지 다른 요리법으로 자주 식판에 올려주고, 보여주고 먹어보고, 나의 연기력까지 더해지면 시간이 조금 필요할 뿐 결국에는 잘 먹게 되었다.

삼둥이 최애 메뉴는?

아이들을 낳기 전부터 등갈비 구워 먹는 걸 좋아했던 나는, 삼둥이가 유아식을 시작하고 얼마 지나지 않아 핏물을 뺀 등갈비에 칼집을 내고 청주를 조금 넣어 푹 삶아주었다. 살을 발라내다가 뭐든 만져보고 입으로 가져가는 아이들의 습성을 생각해 살이 조금 붙어 있는 뼈대를 쥐어보았다. 얼마나 열심히 물고 빨고 뜯는지 맛있다기보다는 뼈대를 잡고 먹는 것을 재미있어하는 것 같았다.

그 뒤로 우리 집 식탁에는 등갈비가 자주 등장했고, 삼둥이가 커가면서 간을 조금씩 추가한 요리법으로 바뀌어갔다. 푹 삶은 등갈비에 아기용 소금으로 간을 하고 에어프라이어에 살짝 구워 끝부분의 고기를 조금 떼어내 손잡이를 만들어주었다. 그때부터 등갈비는 '손잡이갈비'라는 호칭을 얻게 되었다. 삼둥이 손에 쥐어주면 고기를 많이 남기지 않고 제법 잘 뜯어먹었다.

밥을 다 먹고도 장난감처럼 들고 다니며 오랜 시간 씹고 뜯고 즐겼다. 그 모습이 너무 귀엽고 재밌고, 무엇보다 잘 먹어주니 신이 나서 여러 삼둥맘들과 친한 친구들, 인스타그램을 통해 알게 된 랜선 친구들에게도 레시피와 방법을 공유했다.

그러다 18개월이 되던 해 사과와 양파를 갈고 간장과 참기름으로 양념을 해서 등갈비찜을 만들어주었다. 세상에 이런 맛이 있냐는 듯 양손으로 잡고 먹는 모습을 보고 내 얼굴에서 미소가 떠나지 않았다.

"뭐 먹고 싶냐?"는 물음에 항상 빠지지 않는 메뉴가 '손잡이갈비'다. 양념 등갈비찜과 에어프라이어에 구운 등갈비구이는 여전히 삼둥이의 최애 반찬이다. 이제는 씻은 김치를 넣고 만든 등갈비김치찜도 너무 잘 먹는다.

유아식을 시작할 때, 꼭 알아야 할 유아식 기본 가이드

영양사 김은미

유아식, 이것만은 알고 먹이자!

태어나 모유와 분유를 먹으며 자라온 우리 아이에게 처음 먹는 밥 이유식. 설렘과 부담감이 가시기도 전에 유아식에 대한 고민이 찾아오지 않았나요? 잘 먹어야 한다는 건 알지만 영양적으로 무엇을 어떻게 먹여야 할지, 젓가락과 숟가락 사용법, 식사 예절은 어떻게 가르쳐야 할지 처음에는 막연했을 거예요. 우리 아이들의 생애 초기에 중요한 유아식에 대해 알아봅니다.

＊유아기 성장 발달의 특징

1~5세에 해당되는 유아기는 1~2세와 3~5세로 구분해서 성장 발달에 맞는 영양 관리를 권장하고 있습니다. 유아기에는 체중과 신장이 꾸준히 증가하지만 영아기(생후 12개월까지)에 비해서는 성장 속도가 느립니다. 취학 전까지 평균적으로 연간 키는 6cm, 체중은 2kg 정도씩 증가하는데 아이의 체중이나 키를 꾸준히 기록해보고 평균보다 현저히 느리다면 소아청소년과 의사와 상의할 필요가 있습니다. 돌쯤에는 걸으면서 몇 마디 할 수 있고 근육 발달 및 체지방률이 줄어들어 신체 비율과 외모의 변화가 두드러지게 나타납니다.

3~4세가 되면 치아(유치) 20개가 나고 소화 효소도 성인 수준으로 발달하여 소화 흡수가 원활하게 이루어집니다. 특히 2세 전후로 두뇌 발달이 급격히 이루어지며 영양 상태의 영향을 받으므로 영양 불균형이 생기지 않도록 해야 합니다.

＊유아기 식사의 중요성

영아기에 해당하는 생후 1년 동안 아이의 체중과 신장은 3배 이상 증가하기 때문에 섭취 필요량이 매우 높습니다. 영아기에 비해 유아기는 성장 속도가 감소함에 따라 식욕이 줄어들고, 체중당 칼로리 필요량도 줄어듭니다. 하지만 단백질, 비타민, 무기질의 요구량은 점차 증가하므로 균형 있는 영양 섭취가 중요합니다.

유아기에는 독립심이 발달하여 자기 힘으로 먹으려는 욕구가 강하고 상상력과 호기심, 주변 환경에 대한 탐구심 등이 취학 전 정점에 이르러 좋아하는 식품과 싫어하는 식품이 명확하게 구분됩니다. 따라서 영양 요구량을 충족할 수 있도록 양질의 식품을 제공할 뿐만 아니라 좋은 식사 분위기를 조성하여 아이가 평생 동안 식품에 대한 긍정적인 태도를 가지도록 해야 합니다.

두 살경 아이들이 먹는 양이 기대한 것보다 적어도 놀라지 마세요. 이 시기 아이들은 성장 속도가 더뎌서 필요한 열량도 적기 때문입니다. 양이 적더라도 건강한 음식을 골고루 먹는다면 좋은 영양 상태를 유지할 수 있습니다. 동시에 아이가 음식에 지나치게 집착하는 모습을 보이거나 체중이 지나치게 늘어난다면 소아청소년과 의사와 상의해서 체중 조절을 해야 합니다. 초기의 잘못된 식습관은 평생의 비만 위험성을 높일 수 있습니다.

* 유아기 영양 섭취 기준

영양 부족과 과잉을 모두 예방하기 위해 설정한 한국인 영양 섭취 기준(Dietary Reference Intake for Koreans, DRIs)은 다음과 같습니다.

❶ 칼로리(에너지, 열량)

하루에 섭취해야 하는 칼로리는 유아의 활동 정도와 성장 단계에 따라 다르지만 일반적으로 1~2세는 1,000kcal/일, 3~5세는 1,400kcal/일입니다. 칼로리를 내는 영양소는 탄수화물, 단백질, 지방이며, 각 영양소를 적정량 섭취해야 합니다.

한국인의 1일 칼로리 섭취 기준

연령		에너지 필요 추정량(kcal)
영아	0-5개월	500
	6-11개월	600
유아	1-2세	900
	3-5세	1,400

❷ 탄수화물(당질)

탄수화물은 지방, 단백질과 함께 3대 열량 영양소의 하나이며 1g에 4kcal의 에너지를 제공하는 신체의 중요한 에너지원으로서 DNA, RNA의 구성 성분이기도 합니다. 섭취량을 조절해야 하는 단순당류(설탕 등), 단순당이 여러 개로 이루어진 다당류(밥 등), 사람의 몸속에서 분해되기 어려워 칼로리는 없지만 건강에 도움이 되는 식이섬유 등이 있습니다.

유아기의 칼로리 총섭취량 대비 탄수화물 섭취 비율은 55~65%입니다. 두뇌에 사용되는 포도당을 기준으로 유아기(1~5세)의 평균 필요량은 100g/일, 권장 섭취량은 130g/일입니다.

탄수화물 적정 비율

연령		에너지 적정 비율(%)
유아	1-2세	55-65
	3-5세	55-65

한국인의 1일 탄수화물 섭취 기준

연령		탄수화물(g/일)	
		평균 필요량	권장 섭취량
유아	1-2세	100	130
	3-5세	100	130

• 탄수화물 중 식이섬유는 충분히 챙겨야 해요.

탄수화물 중 건강에 도움이 되는 식이섬유는 채소, 과일 등에 주로 들어 있으며 정상적인 배변과 관련 질환 예방을 위해 충분히 섭취해야 합니다. 국민건강영양조사 결과에 따르면 우리나라 국민의 3명 중 1명은 식이섬유 섭취가 부족하며, 특히 성장기에 충분히 섭취하지 못하는 비율이 80% 이상으로 매우 높게 나타나고 있습니다. 식이섬유는 더욱 신경 쓰지 않으면 놓칠 수 있는 중요한 영양소로 하루에 섭취해야 하는 양은 1~2세 15g/일, 3~5세 20g/일입니다.

성장기 식이섬유 섭취 기준

연령		충분 섭취량(g/일)
유아	1-2세	15
	3-5세	20

• 탄수화물 중 당류 섭취는 주의하세요.

당류는 하루에 섭취해야 하는 에너지의 10~20% 이내로 제한해야 합니다. 식품의 조리 및 가공 시 첨가되는 당류(설탕, 올리고당, 액상과당, 물엿, 시럽, 과일주스 등)는 에너지 총섭취량의 10% 이내로 제한하세요.

❸ 단백질과 필수아미노산

단백질은 정상적인 성장과 유지에 필요한 아미노산을 공급하는 동시에 1g에 4kcal를 제공합니다. 단백질을 구성하는 아미노산 중 몸에서 만들어지지 않는 필수아미노산은 정상적인 성장 발육을 위해 반드시 섭취해야 합니다. 동물성 육류(소고기, 돼지고기, 닭고기), 생선, 달걀, 우유 및 유제품(치즈, 요거트) 등은 필수아미노산이 충분히 함유되어 있는 완전 단백질 식품입니다. 식물성 단백질 식품인 대두(콩), 쌀 등은 필수아미노산이 한두 가지 부족하므로 동물성 단백질 식품과 함께 섭취해야 합니다.

단백질은 주로 몸을 구성하는 성분이지만, 다른 에너지원인 탄수화물이나 지방의 섭취가 부족할 경우 에너지로 사용되기 때문에 활동이 활발한 유아들은 성장 지연, 면역력 저하 등의 문제가 나타날 수 있으니 매끼 단백질을 충분히 섭취해야 합니다. 1~2세는 하루에 15~20g, 3~5세는 20~25g의 단백질 섭취를 권장하고 있습니다.

한국인의 1일 단백질 섭취 기준

연령		단백질(g/일)	
		평균 필요량	권장 섭취량
유아	1-2세	15	20
	3-5세	20	25

❹ 지방

지방은 탄수화물과 단백질의 2배 이상인 1g에 9kcal의 에너지를 냅니다. 과다 섭취할 경우 비만의 위험을 높일 수 있기 때문에 섭취량을 조절할 필요가 있습니다. 그러나 지방 섭취를 줄이면 상대적으로 탄수화물 섭취가 늘어나 지방으로 전환되어 비만 위험이 높아집니다. 지방 섭취는 몸에서 생성되지 않는 필수지방산(오메가3 등 불포화지방산)을 공급하는 데 중요합니다. 특히 필수지방산 중 DHA의 결핍은 유아의 두뇌 발달, 시력 저하, 감각 기능에 영향을 주며 알파-리놀렌산의 결핍은 피부 건조, 피부염, 성장 부진 등을 일으킬 수 있습니다.

또한 케이크, 과자, 아이스크림 등의 가공식품이나 동물성 식품의 지방에 다량 포함되어 있는 포화지방산, 트랜스지방산은 몸에 좋지 않은 지방으로 유아기에 특히 주의해야 할 영양소입니다. 지방은 단백질이나 탄수화물처럼 하루 권장량이 정해져 있지 않으며, 필수지방산 함량이 높은 식품을 적절히 섭취해야 합니다.

한국인의 1일 지질 섭취 기준

연령		충분 섭취량(g/일)	
		리놀레산	알파-리놀렌산
유아	1-2세	4.5	0.6
	3-5세	7.0	0.9

탄수화물, 단백질, 지방의 적정 섭취 비율

에너지 적정 비율(%)		연령	
		유아	
		1-2세	3-5세
탄수화물		55-65	55-65
단백질		7-20	7-20
지질	지방	20-35	15-30
	포화지방산	-	8 미만
	트랜스지방산	-	1 미만

❺ 무기질 및 비타민

• 칼슘

칼슘이 성장에 중요하다는 사실은 누구나 알고 있을 것입니다. 골격과 치아를 형성하는 데 필요한 칼슘은 섭취 후 체내 흡수율이 30~60% 수준으로 낮아 흡수율을 높이는 것이 중요합니다. 우유 및 유제품은 칼슘 흡수를 높이는 유당, 카제인포스포펩티드가 들어 있어 좋은 칼슘 급원 식품입니다. 칼슘 흡수율을 낮추는 인 성분이 함유된 가공식품과 음료수를 섭취하는 데는 주의해야 합니다.

한국인의 1일 칼슘 섭취 기준

연령		칼슘(mg/일)		
		평균 필요량	권장 섭취량	상한 섭취량
유아	1-2세	400	500	2,500
	3-5세	500	600	2,500

• 철

유아기 철 결핍성 빈혈은 가장 흔한 영양 결핍 증상 중에 하나이며, 2세에서 위험도가 가장 높은 것으로 알려져 있습니다. 우유 및 유제품은 철을 거의 함유하지 않기 때문에 철 강화 곡물, 시리얼, 달걀, 육류(살코기) 등을 반드시 섭취해야 하며, 육류의 햄철 성분이 식물성 비햄철보다 흡수율이 우수한 것으로 알려져 있습니다.

연령		철(mg/일)		
		평균 필요량	권장 섭취량	상한 섭취량
유아	1-2세	4.5	6	40
	3-5세	5	7	40

• 아연

면역 작용 및 새로운 조직을 만들 때 꼭 필요한 아연은 결핍되었을 때 성장 저해, 식욕 부진, 설사, 상처 회복 지연, 면역력 저하 등을 일으킬 수 있으므로 유아에게 꼭 필요한 영양소입니다. 육류에 주로 들어 있는 아연은 곡류에 들어 있는 아연보다 체내 이용률이 높은 것으로 알려져 있습니다.

한국인의 1일 아연 섭취 기준

연령		아연(mg/일)		
		평균 필요량	권장 섭취량	상한 섭취량
유아	1-2세	2	3	6
	3-5세	3	4	9

그 밖에도 성장에 영향을 주는 주요 비타민은 부족하지 않도록 섭취해야 합니다.

비타민A	세포 성장과 분화
비타민D	골격 성장에 필요
비타민B군	에너지 대사 및 단백질 대사의 중추적인 역할
엽산, 비타민B$_{12}$	혈액 조혈 작용 (성장기 혈액 증가에 영향)
비타민C	연골, 피부, 혈관 등의 지지 조직인 콜라겐 형성

* 유아기 연령별 식사 특징과 잘 먹이는 tip

• 1~2세(돌 이후)

음식에 대한 호기심이 줄어드는 반면 다른 사물에 대한 호기심이 늘어나면서 식생활 습관이 변화무쌍하고 예측하기 어려워지는 시기입니다. 규칙적인 시간에 먹도록 격려하되 강요하지는 마세요. 가능한 다양한 음식을 먹이다 보면 균형 잡힌 식습관이 형성됩니다. 돌이 지난 아이는 어른처럼 영양 균형이 중요하므로 다양한 식재료(취향, 색채, 질감)를 사용해서 영양가 있는 식단을 구성하는 것이 좋습니다. 또한 아이가 입안에 화상을 입지 않도록 충분히 식혀서 주고, 덩어리째 먹으면 목이 막힐 수 있으니 충분히 으깨거나 씹을 수 있을 만큼 작게 썰어서 주어야 합니다. 맵고, 짜고, 기름지거나 단 음식은 본연의 맛을 느낄 수 없으니 주의하세요.

• 2~3세

독립성이 생김에 따라 편식으로 식품을 다양하게 섭취하지 못하는 경우가 종종 있습니다. 부모들은 아이가 음식에 대한 흥미가 떨어지고 입맛이 변하면서 식사에 대한 불만이 많아진다고 합니다. 다른 사람들과 함께 먹으면서 식사 시간에 적극 참여하고 올바른 식사 습관을 들일 수 있도록 신경 써야 하는 시기입니다.

• 3~5세

매일 또는 식사 때마다 입맛이 크게 변하는데 자칫 놀이에 집중하느라 식사 시간을 놓치는 경우가 많아집니다. 특히 모방을 매우 잘하기 때문에 부모나 형제의 행동을 금방 따라 하게 됩니다. 타협의 수단이나 주의를 끌기 위해 음식을 거부한다면 너그러이 받아들여서는 안 되며, 이런 변화를 미리 예측하고 단호하게 행동할 필요가 있습니다.

유아기 아동들은 음식에 대한 흥미가 많지 않고 음식을 먹는 기술이 충분히 발달되지 못하여 식사 시간에 꾸물대는 경향이 있으므로 부모는 인내심을 가지고 아이들에게 충분한 식사 시간을 주어야 합니다.

이때의 아이들은 음식에 대한 선호도가 매우 높지만 날마다 기호가 달라질 수 있습니다. 이를 문제 삼기보다는 다양하고 건강한 식품을 지속적으로 제공하고 아이가 어떤 음식을 먹을지, 얼마나 많이 먹을지 스스로 결정하도록 도와주세요. 음식 맛을 알려면 최대 15~20회의 반복 노출이 필요하며 아이들은 화려한 식사보다 간단한 식사를 선호하기 때문에 단백질 식품, 곡물, 과일, 채소 및 유제품을 포함하는 식사를 준비하는 것이 좋습니다(닭고기샌드위치, 사과, 우유 한 잔).

연령	정서적 특성	식행동	식사 기술 발달
1-2세	• 낯선 것에 겁을 먹음 • 공유하려 하지 않음 • 항상 감독이 필요함 • 호기심이 많음 • 자주 반항적임 • 관심을 받고 싶어함	• 식성이 까다로움 • 음식을 삼키지 않고 입에 물고 있음 • 식품 탐닉-식사 때마다 같은 음식을 먹으려고 고집을 부림	• 서툴게나마 숟가락을 사용할 수 있음 • 음식을 흘뜨리고 입에 가져가거나 음식에 손을 담금 • 한 손으로 컵을 들고 마실 수 있음 • 스스로 먹으려 함
3세	• 모든 일에 동참하고 싶어함("me too" age) • 요구하기보다는 선택하게 하면 잘 따름 • 여전히 공유하려 하지 않음 • 자기 방식대로 하려는 태도가 다소 완강함	• 특정 채소를 제외한 대부분의 식품을 먹음 • 배고프지 않을 때는 식사를 게을리함 • 식사에 대해 간섭을 함	• 숟가락을 더 잘 사용할 수 있음 • 손바닥 근육이 발달함 • 혼자서 음식을 먹을 수 있음 • 우유나 주스를 혼자서 그릇에 따를 수 있음
4세	• 공유를 잘함 • 어른의 칭찬과 관심을 요구함 • 요구의 한계를 이해함 • 대부분의 경우 규칙을 따름 • 여전히 자기 방식에 완강함	• 먹으면서 말하기를 좋아함 • 싫어하는 음식과 좋아하는 음식을 구분함 • 먹기 싫으면 울면서까지 거부함	• 숟가락을 모두 사용할 수 있음 • 작은 손가락의 근육이 발달함 • 식탁을 닦거나 차리는 일을 도울 수 있음 • 식품의 껍질을 벗기고 자르거나 으깨는 일을 할 수 있음
5세	• 가족의 일상사에 도움을 주고 협조적임 • 여전히 자기 방식에 완강함 • 부모, 집, 가족에 집착함	• 친숙한 음식을 좋아함-대부분의 생야채를 좋아함 • 가족들이 싫어하는 음식을 자기가 싫어하는 음식으로 집착함	• 손과 손가락의 움직임이 정교해짐 • 간단한 음식을 만들 수 있음 • 식품의 분량을 재고, 자르고, 가는 일을 할 수 있음

*편식이 걱정된다면?

편식이란 단순히 좋아하는 음식만 골라 먹는 것이 아니라 특정 식품을 지나치게 선호하거나 싫어해서 영양소 섭취의 균형이 깨지거나 아이들의 발육, 건강에 문제를 일으키는 것을 말합니다. 따라서 특정 식품을 단순히 좋아하거나 싫어하더라도 발육과 건강에 문제가 없다면 편식이라고 하지 않습니다. 하지만 이런 식습관이 오래 지속된다면 성장 발달에 영향을 줄 수 있으니 예방해야 합니다.

성인에 비해 미각이 3배 더 예민해 쓴맛이 더 강하게 느껴지고 기호가 뚜렷해서 편식이 생겨날 수 있다는 것을 인지하고 한입씩 점차 양을 늘리는 것이 가장 좋은 방법입니다.

매일 다음의 4가지 기본 식품군에 속하는 음식을 먹고 있는지 확인하세요.

· 육류, 생선, 가금류(닭, 오리 등), 달걀
· 우유 및 유제품(치즈, 요거트 등)
· 과일과 채소
· 곡류, 감자, 밀가루 제품 등

골고루 먹고 있다면 영양적으로 큰 걱정은 안 해도 됩니다. 하지만 잘 안 먹는다고 해서 좋아하는 음식만 주는 것은 금물입니다. 아이들은 배가 고프면 먹게 마련이므로 다양한 영양소를 섭취할 수 있도록 신경 쓰고 조금씩 싫어하는 음식을 먹어볼 수 있도록 인내심을 가지고 시도하세요.

*영양 보충제 필요할까요?

다양한 식재료로 만든 음식을 먹이고 있다면 아이는 비타민이 풍부한 균형 있는 식사를 이미 하고 있는 것입니다. 비타민A, D와 같은 지용성 비타민을 과다 섭취하면 조직에 저장되어 아이에게 해를 끼칠 수 있고, 아연과 철분 같은 무기질도 장기적으로 고용량을 섭취하면 부정적인 영향을 줄 수 있습니다.

그러나 영양 보충제가 필요한 아이들도 있습니다. 예를 들어 가족의 식습관이 달걀과 유제품을 포함한 동물성 식품을 섭취하지 않는 완전 채식이라면 소아청소년과 의사와 상담해서 영양 관리를 해야 합니다. 채식을 하다 보면 비타민B12, 비타민D, 철분, 비타민A, 칼슘, 아연 및 리보플라빈 같은 필수 비타민과 미네랄이 결핍될 수 있기 때문입니다. 유아기는 성장과 두뇌 발달에 중요한 시기이므로 특정 비타민과 보충제를 권장할 수 있습니다.

김은미 영양사님은 경희대학교 영양교육대학원 석사를 마치고 현재는 브랜드엑스피트니스에서 헬스케어 앱 서비스를 만드는 기획자로 근무하고 있습니다. 저서로는 《올인원 다이어트레시피》, 《먹고 마시고 바르는 과채습관》, 영양 감수로 참여한 책으로는 《소유진의 엄마도 아이도 즐거운 이유식》이 있습니다.

참고 자료 • 2020 한국인 영양소 섭취 기준 _ 한국영양학회 | 2017 소아청소년 성장 도표 _ 대한소아과학회

Q1 **A**

유아식은 언제부터 시작해야 하나요?

율브로는 13개월부터 천천히 시작했어요. 원래 돌 지나 바로 하고 싶었지만 돌치레를 하듯 12개월 때 셋 다 돌아가며 너무 아팠어요. 조금 일찍 태어나 또래 아이들보다 한참 작고 말랐던 율브로는 13개월에 유아식을 시작하면서 15개월까지 분유를 같이 먹였어요. 분유를 끊고 생우유를 먹이려니 3호의 거부가 심하더라고요. 그래서 분유와 같은 브랜드의 킨더밀쉬를 18개월까지 같이 먹였죠. 이후에는 유아식으로만 세끼를 먹이고 생우유를 조금씩 먹이기 시작했어요. 유아식을 언제 시작할지는 아이의 성장 속도에 따라 엄마가 결정하면 될 거예요.

Q2 **A**

유아식에 간은 언제부터 시작하고 계량은 어떻게 하셨나요?

유아식을 시작하면서 고민이 많았던 부분이에요. 바로 간을 해도 되는지, 어느 정도가 적당한지……. 온라인과 오프라인에서 책을 찾아보고 육아 선배들의 조언을 받았죠. 가장 먼저 천연조미료인 새우 가루와 멸치 가루, 다시마 가루를 사고, 유기농 제품을 파는 매장에서 아이용 간장, 소금, 아가베 시럽과 꿀을 샀어요. 여기에 친정 엄마가 만들어주신 저염된장과 청국장, 직접 농사를 지어서 짠 참기름과 들깻가루도 있었고요.
국은 육수를 내고 천연조미료로 간을 했고, 반찬은 유아식 시작 단계부터 아주 조금씩 간을 하기 시작했어요. 유아식을 시작할 때는 제가 먹어보고 '너무 싱거운데 아이들이 먹을까?' 하는 정도로 간을 했어요. 잘 먹던 아이들이 조금씩 남기면 간을 조금 더 추가하는 식으로 차츰 늘려갔어요.

Q3 **A**

원래부터 요리를 잘하셨나요?

유아식 책을 출간할 예정이라는 소식을 듣고 오랜 친구들과 지인들에게 연락이 왔어요. 어떻게 된 일이냐고, 믿을 수가 없다면서요. 저는 요리를 제대로 해본 적도, 따로 배워본 적도 없어요. 결혼 후에도 남편이 대부분의 식사를 맡았고, 주말부부로 지낼 때는 거의 매일 사 먹었죠. 그러다 어렵게 삼둥이를 품었어요. 세쌍둥이다 보니 이른둥이에 저체중아로 작고 약하게 태어났어요. 건강을 위해서는 아이들이 먹는 음식이 가장 중요하다고 생각했죠. 요리의 '요' 자도 몰랐지만 의지 하나만은 강했습니다. 전혀 모르는 분야였기에 열심히 찾아보고 조언도 듣고 자주 해보는 수밖에 없었어요. 그렇게 조금씩 자연스럽게 익혀나갔어요. 서당 개 3년이면 풍월을 읊는다고, 이제 육아맘 6년 차가 되니 어느 정도 요령이 생긴 것 같아요.
하지만 아직도 갈 길이 멀어요. 많은 분들이 저의 요리를 보고 '현실적인 요리'라고 하시더라고요. 이제는 전문적으로도 많이 배우고 익혀서 좀 더 쉽고 재미있는 레시피를 알려드리려고 노력합니다.

Q4 **A** 편식하지 않고 잘 먹는 삼둥이가 부러워요. 어떻게 하면 아이들 편식을 줄일 수 있을까요?

현재 6세인 율브로는 셋째를 제외하고 첫째와 둘째는 편식을 거의 하지 않는 편이에요. 셋째는 처음 보는 반찬이나 식재료는 조금 거부하기는 하지만 시간이 지나면 잘 먹어요. 율브로도 처음부터 편식을 하지 않은 건 아니에요. 셋 중 하나라도 안 먹는 재료가 있으면 튀기고 부치고 무치고 볶아가며 다른 요리법, 다른 모양, 다른 색감으로 자주 보여줘서 그 재료에 익숙해지도록 했어요. 저도 같이 맛있게 먹는 모습을 보여주며 호기심을 갖게 해줬고요. 그리고 기본적이지만 밥 먹기 전에는 군것질이나 간식을 주지 않았고, 가끔 채소나 과일을 이용한 요리놀이를 통해 스스로 해보며 성취감을 느끼게 하고 식재료와 친숙해지는 시간도 가졌어요(피클, 피자, 김밥, 만두).

엄마가 힘들겠지만 안 먹는다고 단정 짓고 속상해하지 말고 맛과 색감, 모양과 질감을 바꿔가며 다양한 요리법으로 아이들의 호기심을 불러일으켜 보세요. 엄마가 포기하지 않고 조금 더 노력한다면 우리 아이들이 따라와줄 거예요.

Q5 **A** 작고 약하게 태어난 삼둥이 크고 건강하게 키운 비결이 무엇인가요?

율브로는 34주 6일에 첫째 2.0kg, 둘째 1.4kg, 셋째 1.88kg의 작은 몸으로 태어나 셋 다 인큐베이터에서 지냈어요. 니큐(NICU, 신생아 중환자실)는 하루에 두 번만 면회가 가능했어요. 갈 때마다 여러 검사를 받으며 생긴 주삿바늘 자국과 혼자 있는 아이들이 안쓰럽고 미안해서 많이 울었던 기억이 납니다. 모든 부모님들이 그렇겠지만 삼둥이들이 밝고 건강하게 자라기만을 바랐어요. 그러기 위해서 제가 해줄 수 있는 가장 기본적이고도 큰 부분이 아이들이 먹는 음식이라고 생각했죠. 그 생각은 지금도 변함이 없습니다.

셋이었기에 먹는 양도 많아 거의 하루에 한 번씩 이유식을 만들었고, 힘들었지만 한 번도 사 먹인 적이 없어요. 유아식을 시작했을 때도 여러 반찬을 골고루 먹이려고 하루 중 가장 많은 시간을 요리하는 데 할애했어요. 그리고 주말에는 맘껏 뛰어놀 수 있는 곳으로 나갔고요. 엄마의 마음을 알아주기라도 하듯 또래보다 아주 많이 작고 말랐던 삼둥이는 열심히 친구들을 따라가기 시작했고, 하루가 멀다 하고 자주 가던 병원도 이제는 연중행사가 되었네요.

Q6 **A** 저는 워킹맘이다 보니 유아식을 따로 안 만들고 엄마 아빠 음식을 같이 먹는데 괜찮을까요?

아이들 먹기에 간이 너무 세지만 않다면 괜찮을 거예요. 저는 아이들용으로 만들고 아이들이 먹을 만큼 덜어낸 다음 엄마 아빠의 입맛에 맞게 소금, 고춧가루, 고추장, 청양고추 등 양념을 추가해서 먹어요.

Q7 **가장 쉽고 빠르게 만들 수 있는 요리를 추천해주세요.**

A 대부분 평범한 재료와 쉬운 요리법이어서 몇 가지를 추천하기가 어려워요. 국은 콩나물국, 미역국, 만둣국, 밥은 사골야채죽, 스팸달걀볶음밥, 주찬은 바지락찜, 다짐소고기볶음, 두부채소전, 부찬은 나물 종류(시금치, 숙주), 달걀참치전, 새우버터구이, 면은 비빔국수, 김치는 피클, 오이김치, 간식은 호박전, 식빵마늘빵, 구운달걀이 간단하게 만들 수 있는 요리예요. 수육도 어려울 것 같지만 재료를 넣고 삶기만 하면 되니 의외로 아주 쉬워요. 에어프라이어를 이용한 요리들도 양념장만 준비해 구우면 되니 아주 빠르고 간단하죠.

Q8 **삼둥이가 가장 좋아하는 메뉴는 무엇인가요?**

A 해산물을 좋아하는 율브로는 바지락찜과 탕, 새우가 들어간 요리는 뭐든 다 좋아해요. 그리고 단연 등갈비찜이에요. 셋 다 고기를 그렇게 많이 먹는 편이 아니었어요. 작고 마른 아이들이라 고기를 많이 먹이고 싶은 엄마 마음을 너무 몰라주었죠. 삼겹살을 구워도, 부드러운 부위의 소고기를 구워주어도 밥과 채소를 더 많이 먹어 항상 안타까웠어요. 그러다 등갈비를 처음 사서 만들어줬는데 하나씩 들고 뜯어가며 너무 맛있게 먹더라고요. '뭐 해줄까?' 하면 유일하게 자주 찾는 고기 요리가 등갈비예요. 이젠 많이 커서 다른 고기들도 잘 먹지만 그래도 등갈비 요리는 아직도 율브로에게 최애 메뉴랍니다. 달걀찜과 달걀말이, 구운달걀 등 달걀 요리도 참 좋아하고요. 나물 종류도 좋아하고, 김치가 빠지면 찾을 정도여서 매끼마다 챙겨주고 있어요.

Q9 **삼둥이는 입맛이 비슷한가요? 저희 남매는 입맛이 너무 달라서 매번 밥 차리는 게 고역이에요. 오빠는 고기 반찬만 찾고 여동생은 고기를 아예 입에도 안 대요. 무슨 방법이 없을까요?**

A 첫째는 빵과 떡을 너무 좋아하고, 둘째는 무조건 밥을 찾고, 셋째는 면을 참 좋아하는 데다 처음 보는 식재료를 거부하는 편이에요. 하지만 다행히 식사 시간에는 큰 차이 없이 잘 먹어요. 안 먹는 재료는 만두를 자주 만들어주었어요. 고기와 채소가 적절히 들어간 볶음밥, 동그랑땡, 김밥, 달걀말이 등 여러 재료들을 잘게 썰어 넣는 요리가 좋아요. 그러다 한 번, 두 번 먹으면 '여기에 시율이가 잘 안 먹던 호박이 들어 있는데, 이제 잘 먹네?' '대단하다. 호박도 먹고~' '멋있다' 등 폭풍 칭찬을 아끼지 않았습니다. 그러면 으쓱해하며 '나도 이제 호박 잘 먹지~' 하며 스스로 호박을 잘 먹는 아이로 조금씩 변해갔어요.

거부하는 재료들이 있으면 아이들이 느끼지 못하게 잘게 다져서 만두 속에 넣고 치즈를 올려 녹이거나 달걀말이 속에 넣어 재료가 안 보이는 요리를 만들어보세요. 아이들은 고기를 꼭 먹어야 하기 때문에 사골이나 고기 육수로 국을 끓여주면 부족한 영양분을 조금이라도 섭취할 수 있어요. 다짐육을 여러 요리에 넣어 식감이나 맛을 조금씩 느끼게 해준다면 언젠가는 잘 먹을 거예요.

식단을 짜는 기준은 무엇인가요?

다음 날 식단을 전날 미리 짜두는 편이에요. 일단 유치원 식단표와 겹치지 않도록 주의하고 탄수화물, 단백질, 비타민 정도는 매일 먹이려고 노력합니다. 밥, 채소 반찬, 김치, 후식으로 과일 한 종류는 기본적으로 주고 메인 반찬으로 어류나 육류 요리를 번갈아 해줘요.

국은 그날 반찬을 고려해 간이 좀 약하면 진한 국(오징어국, 된장국, 순두부찌개 등), 그렇지 않은 날은 간단하게 끓이는 부드러운 국(달걀국, 어묵국, 콩나물국)을 준비합니다. 주말에는 면 요리를 한 번 정도 먹이고, 평일에 장 보고 남은 재료들로 주말 밥상을 준비해요.

장은 일주일에 몇 번이나 보시나요?

전날 밤 반찬과 국을 미리 생각해놓고 필요한 재료들을 적어 하루 이틀 간격으로 소량씩 장을 보는 편이에요. 평일에는 기본적으로 3~4번 장을 보고 남은 재료들은 주말에 사용하고 있어요. 고기나 생선은 조금 더 싱싱한 곳을 찾아 구입하고, 냉동식품들은 온라인 쇼핑을 이용해요.

햄이나 베이컨, 어묵 등 가공식품은 언제부터 먹여야 할까요?

햄은 20개월 때는 잘게 썰어 끓는 물에 데쳐서 볶음밥에 처음 넣어주었고, 베이컨은 22개월 때 기름을 두르지 않고 구워 삶은 시금치와 추가 간을 하지 않고 무쳐주었어요. 어묵은 19개월경 끓는 물에 한 번 데쳐서 국이나 볶음으로도 만들어주었어요. 17~18개월부터 가공식품들을 하나둘씩 맛보여 주기 시작했어요. 가공식품이 물론 편한 것도 있었고요. 이제 좀 컸으니 새롭고 맛있는 것 좀 먹여보고 싶은 마음도 있었던 것 같아요. 유아식의 식재료나 간의 정도, 가공식품이나 시판 음식 등 모두 엄마의 선택이 가장 중요하다고 생각합니다.

시판 음식과 인스턴트 음식을 먹이나요? 언제부터 먹이셨나요?

아이들용으로 나온 과자는 유아식을 시작하고 조금씩 먹였고, 20개월 전후로 시판 간식(핫도그, 감자튀김)을 가끔씩 사주었어요. 두 돌이 가까워지고 외식이 가능해진 시기가 되었을 때부터 몇 차례 바깥 음식을 먹어보았고, 인스턴트 음식은 30개월쯤 자장라면을 처음으로 조금씩 주기 시작했어요. 하지만 시판 음식이나 인스턴트 식품 대신 최대한 만들어 먹이려고 노력했습니다.

반찬은 물론 간식(감자튀김, 핫도그, 치킨)도 직접 만들어주었고, 가끔 피자 만드는 놀이도 했어요. 율브로는 시판 피자나 치킨보다 엄마가 만들어준 간식들이 더 맛있다고 말해줘요. 너무 쉽게 "엄마 치킨 만들어줘요" 할 때면 조금 당황스럽긴 하지만 그리 싫지는 않습니다.

Q14 끼니마다 다른 국과 반찬을 해주시나요?
양이 적은 저희 아이들은 남는 반찬들이 너무 많아요. 어떻게 해야 할까요?

A 끼니마다 다른 걸로 해주지는 못해요. 일단 저녁 밥상에 공을 많이 들이는 편이에요. 아침은 전날 저녁에 먹었던 국과 남은 반찬들이나 한 번 만들어 오래 두고 먹을 수 있는 반찬들(멸치볶음, 장조림, 콩조림, 깻잎, 김치 등)을 번갈아 주고 있어요. 그것마저 마땅치 않다면 가장 쉽게 끓일 수 있는 달걀국이나 달걀 프라이, 김 정도로 아침을 준비합니다. 점심은 유치원에서 엄마의 밥상보다 더 맛있는 밥을 먹겠죠? 주말에는 무조건 고기를 한 번은 구워 먹고, 율브로가 평소 먹고 싶어 하는 자장라면이나 떡볶이 등 인스턴트 음식을 한 끼 정도는 해주고요.

저도 냉장고나 냉동실에 오래 보관하는 걸 그리 좋아하지 않아서 소량씩 자주 만드는 편이에요. 그래도 양이 많이 남는다면 국 종류는 소분해 냉동실에 얼려두고 해동해서 끓여주기도 해요. 반찬은 냉장고에 두었다가 다시 볶아주거나, 전자레인지용 그릇에 담아 물을 같이 넣고 돌리면 촉촉하고 따뜻해 맛있게 먹을 수 있어요.

Q15 오래 보관할 수 있는 반찬이나 국, 밥은 뭐가 있을까요?

A 미역국과 소고기뭇국은 소분해 얼려두었다가 해동해서 한 번 더 끓여주면 맛의 차이가 거의 없고 오히려 더 진국이 돼요. 여러 볶음밥 재료들과 라구소스도 많이 만들어서 소분해 얼려두면 바로 조리해서 빠르게 먹을 수 있어 바쁜 아침이나 요리하기 싫은 주말에 아주 유용하게 한 끼 해결할 수 있죠. 만두나 튀김(생선가스, 닭안심가스) 종류도 가능하고요. 피클이나 김치 종류는 2주에서 한 달까지 먹어도 되니 냉장고에 떨어지지 않게 준비해두는 편이에요. 아몬드 강정도 냉장고에 보관하면 바삭바삭하고 오래 먹을 수 있는 간식이고요.

Q16 시중에 나와 있는 아이들용 저염간장이나 저염된장을 써야 할까요?

A 유아식을 시작하고 20개월까지는 아이 전용 저염 양념류를 사용했어요. 이후부터 삼둥이 반찬을 저도 같이 먹기 시작했고, 어른 아이 구분하지 않고 시판 양념으로 조리하고 같이 먹고 있어요. 다만 국간장이나 된장, 청국장 종류는 친정엄마가 만드신 것을 먹어요. 최대한 오래도록 무염과 저염을 하면 좋겠지만 모든 건 엄마의 결정이 가장 중요한 것 같아요.

Q17 레시피 아이디어는 어디서 얻으시나요?

처음에는 유아식 책이나 온라인을 검색해서 나온 레시피를 무작정 따라 해봤어요. 먹이고 싶은 식재료가 있으면 친정엄마에게 물어보고 간을 조절해가며 만들어봤고요. 어린이집에서도 워낙 밥을 잘 먹으니 원장님께도 자주 여쭤보며 도움을 청했습니다. 평소 요리 프로그램을 즐겨 보고, 건강식이나 아이들이 먹기에 좋은 요리법은 메모해두었다가 나름대로 변형하고 조절해가며 만들어보기도 했어요. 그러다 보니 자연스럽게 '양념을 이렇게 해볼까?' '이 재료로 바꿔볼까?' '이렇게 하면 더 간단하겠는데?' 등 나름대로 방식과 요령이 조금씩 생긴 것 같아요. 아직도 손이 빠른 편이 아니라 조금 더 쉽고 간단하면서도 맛있게 만들어보려고 꾸준히 생각하고 노력하고 있어요.

Q18 따로 먹이고 있는 영양제나 보약이 있나요?

율브로가 신생아 때부터 지금까지 꾸준히 먹고 있는 영양제는 유산균뿐이에요. 추가로 더 챙겨줄 생각은 못 하다가 3세가 되면서 유독 감기에 자주 걸렸어요. 그로 인해 식욕이 좀 떨어진 것 같아 육아 선배들의 조언을 받아 엘더베리 시럽이 함유된 아연을 1년 정도 먹였습니다. 비타민D는 겨울철에만 잠깐 먹었어요. 가끔 선물받은 종합 비타민을 먹인 적은 있지만 4세부터 다른 영양제 없이 아침마다 유산균만 챙겨 먹이고 있어요.
보약은 둘째가 중이염으로 고생했을 때 한 번 먹여본 게 처음이자 마지막이에요. 영양제를 많이 못 챙겨주는 대신 오늘도 열심히 율브로 밥상을 준비합니다.

Q19 삼둥이는 식습관이 어땠나요? 저희 아이는 밥 먹을 때 매번 자리를 이탈하고 돌아다니면서 먹어요. 어떻게 해야 할까요?

이유식 중기부터 식탁 의자에 아기 의자를 고정해서 먹이기 시작했어요. 유아식으로 넘어가서도 30개월까지 쭉 그렇게 밥 먹는 습관을 들였습니다. 다 먹기 전에 내려오려고 떼쓰거나 억지를 부린 기억은 없어요. 그렇게 앉아서 밥을 먹을 수 있었던 이유를 생각해보면 식판을 이용한 자기주도식이 큰 영향을 주었다고 생각해요. 스스로 하고 싶어 하고 호기심이 많은 시기라 그걸 충족해주는 것이 자기주도식이라고 생각했어요. 난장판이 된 현장을 볼 때면 그냥 내가 먹여주고 싶은 마음이 굴뚝같았지만 참고 기다려주었어요. 지속적인 행동은 자연스럽게 몸에 배고 습관이 되어 식사 시간에는 1시간이 걸려도 다 먹기 전에는 내려달라고 하지 않았어요.
그러다 율브로가 크면서 식탁 의자가 아닌 본인들의 의자에 앉게 되었고, 행동이 자유로워지니 이탈하는 일이 생겨 당황스러웠어요. 그때부터 저도 삼둥이와 같은 자리에서 같이 식사를 하기 시작했습니다. 식사 중에는 자리를 이탈하면 안 된다는 것을 지속적으로 알려주었고, 엄마와 함께 앉아 먹으니 자리를 뜨는 일은 거의 없더라고요. 엄마가 힘들고 포기하고도 싶겠지만 꾸준히 습관을 들이는 것이 중요하고, 그러다 보면 아이도 엄마도 즐거운 식사 시간이 될 거예요.

Q20 밥 먹을 때 유튜브를 보여주시나요?
저희 아이들은 유튜브를 켜놓지 않으면 밥을 먹지 않아요.

A 아이를 낳기 전에도 식사 시간에 미디어 시청이 좋지 않다는 이야기를 많이 들었어요. 그 이유 때문만은 아니지만 율브로는 이유식 중기부터 TV가 보이지 않는 주방 식탁에서 먹기 시작했어요. 당연히 TV 시청은 불가능했고요. 이제는 거실에서 본인들 의자에 앉아 식사를 하지만, 오랜 기간 습관을 들여서 TV를 보다가도 끄고 자리에 앉아 식사를 해요.

그런데 6세가 되면서 TV를 보며 먹고 싶다고 고집을 부리는 경우가 종종 있더라고요. 그래서 주말엔 가끔 이벤트처럼 원하는 대로 해주면 '오예~' 하며 좋아해요. 핸드폰은 집에서 전혀 보여주지 않고 있어요. 하지만 가끔 외식을 할 때 식사를 모두 마치면 잠깐씩 보여주게 되더라고요. 저희 부부가 밥을 좀 편하게 먹을 수도 있지만 주위 분들에게 폐를 끼치고 싶지 않은 마음도 큽니다.

Q21 아이들 밥 먹는 시간이 어떻게 되나요? 저희 아이들은 밥을 입에 물고 놀아요.
밥 먹는 데 1시간 이상 걸릴 때도 있어요. 어떻게 해야 할까요?

A 이유식 때부터 식사 시간에 가장 힘들게 한 건 첫째였어요. 첫째도 입안에 물고 세월아 네월아 하는 스타일이었죠. 말 그대로 1시간씩 걸릴 때도 있었어요. 한번은 급하게 먹으려다 구역질을 한 적이 있어서 그 뒤로 재촉하지 않고 기다려주려고 하지만 결코 쉬운 일이 아니더라고요. 그러다 5세가 되어 유치원을 다니면서 정해진 시간에 스스로 다 먹는다는 이야기를 선생님께 들었어요. 그날 저녁부터 시계를 보여주고 한 명씩 돌아가며 시간을 정하기로 했고, 그 시간 안에 다 먹는 연습을 시켰습니다. 아직도 현재진행형이고요.

식판에 밥, 국, 반찬을 주었을 때 첫째를 기준으로 처음에는 45분 정도 걸렸고, 이젠 5~10분 정도 조금씩 빨라지고 있어요. 볶음밥이나 자장밥 같은 한 그릇 밥상을 주면 30분 이내로 먹고요. 둘째는 첫째보다 밥 양도 많은데 뭐든 10분 정도는 빨리 먹어요. 재촉도 해보고 협박도 해보고 먹여주기도 했지만, 본인들에게 결정권을 주었던 이 방법이 가장 효과적이었어요.

Q22 집에 항상 상비해두는 재료가 있나요?

A 일단 채소는 종류별로 채워두는 편이에요. 냉장고에 달걀, 냉동실에 새우가 없으면 뭔가 허전하고 불안해요. 달걀은 여러 가지 요리를 쉽게 만들 수 있는 재료죠. 다행히 율브로 셋 다 달걀을 좋아해서 달걀이 들어간 요리는 뭐든 다 잘 먹어요. 해산물을 좋아하는 율브로를 위해 냉동 보관이 가능한 새우는 떨어지지 않게 채워두고 있습니다. 새우볶음이나 찜, 볶음밥, 구이 등 새우가 들어간 요리는 뭐든 좋아해요. 다른 식재료들은 거의 그날그날 소량씩 구입하는 편이에요.

이 책에 사용된 숟가락 계량법을 소개합니다.
평소 집에서 사용하던 숟가락을 사용하면 됩니다. 양념은 아이에게 맞게 가감해주세요.

설탕, 소금 등의 가루 계량

1숟가락
평소 사용하는 숟가락에
수북이 담아주세요.

1/2숟가락
숟가락 절반 정도만
담아주세요.

1/3숟가락
숟가락 단면의 1/3 정도만
담아주세요.

간장, 식초 등의 액체 계량

1숟가락
평소 사용하는 숟가락에 넘치지
않을 정도로 가득 담아주세요.

1/2숟가락
숟가락의 가장자리가
보일 정도로 담아주세요.

1/3숟가락
숟가락의 가운데를
채울 정도로만 담아주세요.

된장, 고추장 등의 장류 계량

1숟가락
평소 사용하는 숟가락에
가득 떠서 담아주세요.

1/2숟가락
숟가락 절반 정도
수북이 떠서 담아주세요.

1/3숟가락
숟가락 1/3 정도만
채울 정도로 담아주세요.

파스타, 국수 등의 면 계량

1줌
100원짜리 동전 크기만큼
쥐어주세요.

이 책에 사용된 식재료 써는 방법을 소개합니다.

유아식 시작 시기에는 레시피에 소개된 것보다 더 작게 썰어주어도 좋습니다.

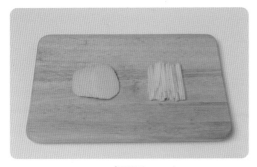

채썰기

재료를 얇고 납작하게 썬 후 겹쳐서 다시 길쭉하게 썰어주세요.

깍둑썰기

양파, 당근, 감자 등의 재료를 가로세로 높이가 비슷하게
사각으로 썰어주세요.

송송 썰기

대파나 고추를 동그란 모양 그대로 얇게 썰어주세요

어슷썰기

대파나 오이 등 긴 재료들을 비스듬히 썰어주세요.

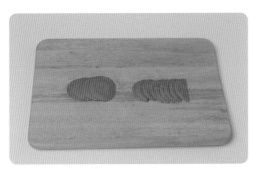

반달썰기

당근, 애호박 등의 재료를 반달 모양으로 썰어주세요.

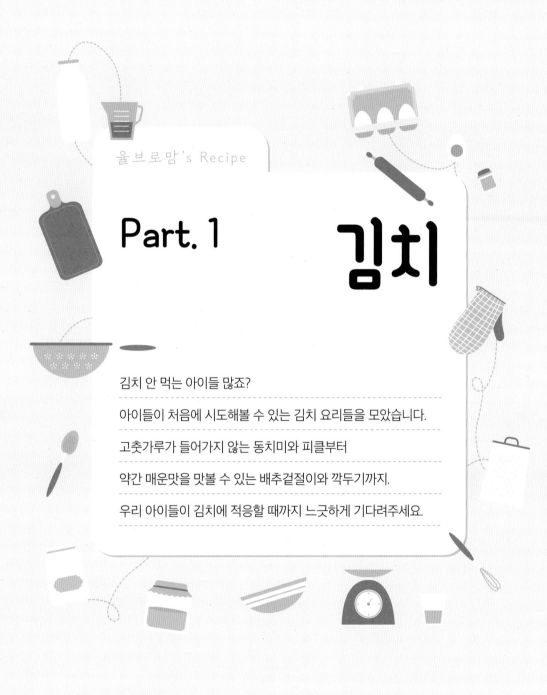

율브로맘's Recipe

Part. 1

김치

김치 안 먹는 아이들 많죠?

아이들이 처음에 시도해볼 수 있는 김치 요리들을 모았습니다.

고춧가루가 들어가지 않는 동치미와 피클부터

약간 매운맛을 맛볼 수 있는 배추겉절이와 깍두기까지.

우리 아이들이 김치에 적응할 때까지 느긋하게 기다려주세요.

새콤새콤 아삭한 식감

동치미

조리시간 30분

주재료 · 무 1개(큰 사이즈)
부재료 · 굵은소금 4큰술, 설탕 2큰술, 배 1개, 사과 1개, 양파 1/2개, 생강 1/2개, 마늘 7개, 물 2.5ℓ, 풋고추 5개, 대파 흰 부분 2대, 쪽파 1줌

무 1개는 씻어 껍질을 벗기고 1×3cm 크기로 썰어주세요.

무에 굵은소금 3큰술, 설탕 2큰술을 버무려 2시간 동안 절여주세요.

절인 무를 채반에 받쳐 물기를 빼주세요.

배 1개, 사과 1개, 양파 1/2개, 생강 1/2개, 마늘 7개를 믹서에 곱게 갈아주세요.

물 2.5ℓ에 굵은소금 1큰술을 녹이고, 곱게 간 ④를 면보에 걸러 꽉 짜서 건더기를 버리고 양념물만 섞어 동치미 국물을 만들어주세요..

절인 무에 ⑤의 동치미 국물을 부어주세요.

풋고추 5개를 포크로 콕콕 찍어서 넣고, 대파 흰 부분 2대, 쪽파 1줌도 넣어주세요. 실온에서 하루 정도 두었다 냉장 보관하세요.

율브로맘's Commemt

둘째 지율이가 식판을 들어 국물까지 들이켜며 아저씨 소리를 내길래 크게 웃은 적이 있어요. 유아식 시작부터 먹일 수

있는 김치여서 활용도가 아주 좋아요. 개월 수가 적은 아이는 무를 더 잘게 썰어주세요.

유아식 초기부터 먹는

피클

조리시간 20분

주재료 · 무 1/3개(중간 사이즈), 오이 2개, 양배추 1/4개

부재료 · 물 3컵(900㎖), 설탕 1컵(300㎖), 피클링스파이스 1큰술, 식초 1컵(300㎖), 굵은소금 조금

①

무 1/3개는 깨끗이 씻어 껍질을 벗기고 1×2cm 크기로 썰어주세요.

②

오이 2개는 굵은소금으로 겉을 박박 문질러 씻은 다음 무와 같은 크기로 썰어주세요.

③

양배추 1/4개는 겹겹이 뜯어내 씻은 다음 비슷한 크기로 썰어주세요.

④

무, 오이, 양배추를 소독한 병에 담아주세요.

⑤

냄비에 물 3컵, 설탕 1컵, 피클링스파이스 1큰술을 넣고 설탕을 녹여가며 끓여주세요.

⑥

물이 끓어오르면 식초 1컵을 넣고 3분간 끓여주세요.

⑦

무, 오이, 양배추를 담은 병에 뜨거운 피클물을 부어주세요.

⑧

피클물이 식으면 뚜껑을 닫고 실온에 하루 동안 숙성합니다.

 율브로맘's Commemt

19개월 때 이모가 만들어준 피클을 정말 잘 먹길래 친언니에게 레시피를 전수받아 율브로 입에 맞게 바꿔서 꾸준히 만들어주고 있어요. 피자나 파스타, 돈가스랑 항상 함께 먹는 피클이에요. 매운 김치를 못 먹는 아이들에게도 참 좋아요. 아이들과 함께 재료를 썰어가며 요리 놀이를 해도 참 좋아해요.

아삭한 식감이 일품인

깍두기

**조리시간
30분**

주재료 · 무 1개(중간 사이즈)

부재료 · 굵은소금 1큰술, 설탕 1큰술, 고춧가루 1큰술, 사과 1/2개, 배 1/4개, 양파 1/4개, 생강 조금,
새우젓 1큰술, 액젓 2큰술, 대파 1대

무 1개는 깨끗이 씻어 껍질을 벗기고
1×1cm 크기로 깍둑썰기를 해주세요.

무에 굵은소금 1큰술, 설탕 1큰술을 버
무려 1시간 동안 절여주세요.

절인 무를 흐르는 물에 살짝 헹군 다
음 채반에 받쳐 물기를 빼주세요.

절인 무에 고춧가루 1큰술을 먼저 넣
고 버무려 고춧물이 배도록 10분간
그대로 둡니다.

사과 1/2개, 배 1/4개, 양파 1/4개, 생강
조금, 새우젓 1큰술을 믹서에 갈고 액
젓 2큰술을 섞어 양념장을 만들어주
세요.

무에 송송 썬 대파와 양념장을 넣고
버무려주세요.

깍두기를 실온에 하루 정도 숙성합니다.

율브로맘's Commemt

깍두기는 율브로가 가장 좋아하는 김치예요. 국에 밥을 말아 깍두기를 하나씩 올려 얼마나 잘 먹는지 몰라요. 고춧가루
는 36개월부터 김치 만들 때 조금씩 사용하고 있어요. 고춧가루가 들어가 핑크빛이 돌지만 사과와 배를 갈아 넣어 많이
맵지 않아 아삭한 식감을 좋아하는 아이들은 모두 잘 먹을 거예요. 개월 수가 적은 아이들은 고춧가루와 설탕을 줄이고
홍시로 대체해도 좋아요.

새콤달콤 입맛 당기는

무생채

조리시간 25분

주재료 · 무 1/3개(중간 사이즈)

부재료 · 파 40g, 고춧가루 1/4큰술, 멸치액젓 2큰술, 매실액 1큰술, 설탕 1/2큰술, 참기름 2/3큰술, 통깨 조금

무 300g은 가늘게 채 썰고, 파 40g은 송송 썰어주세요.

채 썬 무, 송송 썬 파에 고춧가루 1/4 큰술을 먼저 넣고 버무려주세요.

멸치액젓 2큰술, 매실액 1큰술, 설탕 1/2큰술을 넣고 버무려주세요.

참기름 2/3큰술, 통깨 조금 넣고 한 번 더 살짝 버무려주세요.

율브로맘's Commemt

막내 찬율이는 파가 싫은지 처음에는 골라내고 먹더라고요 파를 싫어하는 아이들은 빼고 만들어주세요 고춧가루를 아직 못 먹는 아이들은 파프리카 가루나 맵지 않은 고춧가루로 대체해주세요.

율브로맘's Recipe

시원하고 상큼한

오이김치

**조리시간
35분**

주재료 · 오이 3개(큰 사이즈)

부재료 · 천일염 1/2큰술, 설탕 1큰술, 양파 1/4개, 배 1/8개, 마늘 2개, 고춧가루 1/2큰술, 액젓 1.5큰술,
매실청 2큰술, 부추 50g, 통깨 조금

오이 3개는 껍질을 벗기고 세로로 길게 4등분한 후 1.5cm 길이로 썰고, 부추 50g도 1.5cm 길이로 썰어주세요.

오이에 천일염 1/2큰술, 설탕 1/2큰술을 버무려 40분간 절여주세요.

절인 오이를 채반에 받쳐 물기를 쏙 빼주세요.

양파 1/4개, 배 1/8개, 마늘 2개를 믹서에 갈고, 고춧가루 1/2큰술, 액젓 1.5큰술, 매실청 2큰술, 설탕 1/2큰술을 섞어 양념장을 만들어주세요.

물기를 뺀 오이에 양념장과 부추를 넣고 버무려주세요.

오이김치에 통깨를 뿌려주세요. 부족한 간은 소금으로 맞춰주세요.

율브로맘's Commemt

36개월 이전에는 고춧가루 대신 파프리카 가루나 맵지 않은 고춧가루를 살짝 넣어 빨간 색감을 느낄 수 있게 해줬어요.

개월 수가 더 적은 아이들은 오이를 좀 더 작게 자르고 고춧가루는 생략해도 됩니다.

배추의 단맛이 느껴지는
알배기배추
겉절이

조리시간 15분

주재료 · 알배기 배추 1/2포기

부재료 · 파 1/2대, 당근 1/4개, 멸치액젓 2큰술, 양파 1/4개, 물 1큰술, 고춧가루 1/4큰술, 설탕 1/2큰술, 다진 마늘 1/2큰술, 생강가루 조금, 참기름 2/3큰술, 통깨 조금

배추 1/2포기는 깨끗이 씻어서 한입 크기로 나박나박 썰고, 파 1/2대는 어슷썰기, 당근 1/4개는 채를 썰어주세요.

손질한 배추, 파, 당근에 멸치액젓 2큰술을 버무려 30분간 절여주세요.

양파 60g은 물 1큰술을 넣고 믹서에 갈아주세요.

간 양파에 고춧가루 1/4큰술, 설탕 1/2큰술, 다진 마늘 1/2큰술, 생강가루 조금 섞어서 양념장을 만들어주세요.

절인 배추는 물기를 꼭 짜고 양념장을 버무려주세요.

참기름 2/3큰술과 통깨를 조금 넣고 한 번 더 살짝 버무려주세요.

율브로맘's Commemt

율브로가 잘 먹는 김치 중 하나예요. 겉절이는 오래 두고 먹을 수 없으니 처음부터 너무 많은 양을 만들지 말고 아이가 잘 먹으면 양을 늘려가며 만들어주세요. 매운 것을 잘 못 먹을 경우 고춧가루 대신 파프리카 가루를 조금 넣어도 좋고, 하얀 김치로 만들어주어도 좋아요. 생강가루는 생략해도 됩니다.

율브로맘's Recipe

Part. 2

부찬

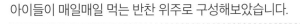

아이들이 매일매일 먹는 반찬 위주로 구성해보았습니다.

멸치볶음, 감자조림, 시금치나물 등 매일 밥상에 올라가는

메뉴들이에요.

조리를 하면서 아이들 것을 덜어내고 간을 더하면

엄마 아빠의 반찬으로 먹을 수 있어요.

조리시간 25분

주재료 · 달걀 3개

부재료 · 우유 70㎖, 물 70㎖, 소금 1/4큰술, 당근 5g, 파 5g

· 1회 분량

달걀 3개는 알끈을 제거하고 잘 풀어서 체에 한 번 걸러주세요.

달걀물에 우유 70㎖, 물 70㎖, 소금 1/4큰술을 넣고 잘 섞어주세요.

뚜껑 있는 찜용 그릇에 달걀물을 담아 중약불에 15분간 찝니다.

당근 5g, 파 5g을 잘게 다져서 올리고 중약불에 5분간 더 쪄주세요.

율브로맘's Commemt

달걀 요리는 무엇이든 다 잘 먹는 율브로에게 손쉽게 만들어주는 반찬입니다. 찜용 그릇에 식용유나 참기름을 살짝 바르고 달걀을 찌면 비린내도 없애고 말끔히 떨어져요.

알록달록 맛도 좋은

시금치
달걀말이

조리시간 20분

주재료	시금치 80g, 달걀 4개	· 3회 분량
부재료	당근 30g, 우유 50㎖, 참기름 1/3큰술, 소금 1티스푼, 식용유 적당량	

①

시금치 80g은 끓는 물에 15초간 데치고 찬물에 헹궈 물기를 꼭 짜주세요.

②

데친 시금치를 잘게 다지고 소금 1/3 티스푼, 참기름 1/3큰술을 버무려 밑 간을 해주세요.

③

당근 30g도 잘게 다져주세요.

④

달걀 4개는 알끈을 제거한 후 풀고, 우유 50㎖, 소금 2/3티스푼을 섞어 달걀물을 만들어주세요.

⑤

달걀물 절반은 따로 담아두고, 나머지 절반에 다진 시금치와 당근을 섞어주세요.

⑥

예열된 팬에 식용유를 조금 두르고 시금치 달걀물을 부어 돌돌 말아가면서 구워주세요.

⑦

남겨둔 달걀물을 마저 부어주세요.

⑧

돌돌 말아가면서 구워주세요.

율브로맘's Commemt

유아식 시작부터 자주 만들어준 메뉴예요. 달걀은 율브로가 너무 좋아해서 일반 달걀말이도 잘 먹지만 시금치달걀말이는 "우와~ 예쁘네~" 하며 더 잘 먹을 거예요. 시금치를 잘 안 먹는 아이들도 거부감 없이 잘 먹어요 안 먹는 채소들을 잘게 다져 넣어서 만들어보세요.

달큰하고 담백한

무나물

조리시간
20분

주재료 · 무 1/2개(300g) · 5회 분량

부재료 · 파 40g, 들기름 2큰술, 물 250㎖, 다진 마늘 1/4큰술, 소금 2/3티스푼, 통깨 조금

무 1/2개는 가늘게 채 썰고, 파 40g은 송송 썰어주세요.

팬에 들기름 2큰술을 두르고, 채 썬 무를 5분간 볶아주세요.

물 250㎖, 송송 썬 파, 다진 마늘 1/4큰술, 소금 2/3티스푼을 넣고 10분간 끓여주세요.

통깨를 조금 뿌려주세요.

율브로맘's Commemt

아이들보다 엄마인 제가 더 좋아하는 나물이에요. 율브로는 15개월부터 반찬으로도 잘 먹고, 바쁜 아침 무나물을 잘게 자르고 국물과 김가루만 조금 추가해서 비벼주면 너무 잘 먹어요. 물 대신 쌀뜨물을 넣어도 좋고, 들깻가루를 넣어도 고소하고 맛있어요.

조리시간 15분

주재료 · 시금치 1단(360g)

부재료 · 소금 2/3큰술, 참기름 2큰술, 다진 마늘 1/4큰술, 송송 썬 쪽파 15g, 통깨 조금

· 5회 분량

① 시금치 1단은 끓는 물에 소금 1/3큰술을 넣고 1분간 데쳐주세요.

② 데친 시금치를 찬물에 헹궈 물기를 살짝 짜주세요.

③ 데친 시금치에 소금 1/3큰술, 참기름 2큰술, 다진 마늘 1/4큰술, 송송 썬 쪽파 15g을 넣고 무쳐주세요.

④ 통깨를 조금 뿌려주세요.

율브로맘's Commemt

시금치나물은 원래 잘 먹었지만 어느 날 어린이집에서 선생님께 슈퍼푸드라는 이야기를 듣고는 먹을 때마다 힘이 세지고 튼튼해진다며 더 잘 먹어요. 나물을 잘 안 먹는 아이들은 놀이를 하듯 양념을 같이 넣어보고 조물조물 무치면 거부감을 줄이는 데 도움이 될 거예요.

아삭하고 고소한

숙주나물

조리시간 15분

주재료 · 숙주 420g

· 5회 분량

부재료 · 소금 2/3큰술, 참기름 2큰술, 다진 마늘 1/4큰술, 송송 썬 쪽파 15g, 통깨 조금

숙주 420g은 끓는 물에 소금 1/3큰술을 넣고 3분간 데쳐주세요.

데친 숙주는 찬물에 헹구고 체에 받쳐 물기를 빼주세요.

데친 숙주에 소금 1/3큰술, 참기름 2큰술, 다진 마늘 1/4큰술, 송송 썬 쪽파 15g을 넣고 버무려주세요.

통깨를 조금 뿌려주세요.

 율브로맘's Commemt

아삭한 식감을 좋아하는 율브로는 콩나물만큼이나 숙주나물도 좋아해요. 유아식 시작부터 20개월까지는 마늘 없이 소금과 참기름으로만 간을 해서 주었고요. 마늘향이 부담스러운 아이들은 마늘을 아주 조금만 넣거나 빼주세요. 숙주가 목에 걸릴 수도 있으니 어린아이들은 한두 번 잘라주세요.

엄마도 아이도 좋아하는

고사리나물

조리시간 20분

주재료 · 불린 고사리 300g

· 5회 분량

부재료 · 송송 썬 쪽파 1큰술, 들기름 2큰술, 물 60㎖, 소금 1/3큰술, 다진 마늘 1/3큰술, 통깨 조금

① 고사리 300g은 끓는 물에 2분간 데치고 찬물에 헹궈 물기를 꽉 짜주세요.

② 데친 고사리는 질긴 부분을 잘라낸 다음 5cm 길이로 잘라주세요.

③ 팬에 들기름 2큰술을 두르고 데친 고사리를 2분간 볶아주세요.

④ 물 60㎖에 소금 1/3큰술, 다진 마늘 1/3큰술을 넣고 소금이 녹을 때까지 잘 섞어서 붓고 중불에 2분간 볶아주세요.

⑤ 송송 썬 쪽파 1큰술과 통깨를 조금 넣고 1분간 더 볶아주세요.

율브로맘's Commemt

어른인 저도 손이 잘 안 가는 고사리를 신기하게도 아이 셋 다 유아식 시작부터 너무 잘 먹었어요. 율브로 덕에 저도 편식을 고쳐나가는 중이랍니다. 바쁜 아침 고사리를 잘게 썰고 김가루를 넣어 비벼 주어도 잘 먹어요. 물 대신 다시마 우린 물을 넣으면 조금 더 감칠맛을 느낄 수 있어요. 부족한 간은 소금을 조금 넣어주세요.

올브로맘's Recipe

쉽고 간단한 건강반찬

애호박무침

조리시간 10분

| 주재료 · 애호박 1/2개(120g) | · 2회 분량 |

부재료 · 들기름 1/2큰술, 식용유 1/2큰술, 다진 파 1/2큰술, 다진 당근 1/2큰술, 간장 1/2큰술, 다진 마늘 1/2티스푼, 통깨 조금

① 애호박 1/2개는 5cm 길이로 채 썰어 주세요.

② 팬에 들기름 1/2큰술, 식용유 1/2큰술을 두르고 채 썬 애호박을 3분간 볶아 주세요.

③ 볶은 애호박에 다진 파 1/2큰술, 다진 당근 1/2큰술, 간장 1/2큰술, 다진 마늘 1/2티스푼을 넣고 살살 버무려주세요.

④ 통깨를 조금 뿌려주세요

율브로맘's Commemt

애호박 자체만으로 달달해서 12개월부터 들기름에 부쳐주거나 달걀물을 입혀서 부쳐주면 잘 먹어요. 간장과 마늘이 들어가서 조금 더 짭짤하고 향긋해 반찬으로 좋아요. 달걀 프라이를 부쳐서 비빔밥을 만들어줘도 너무 잘 먹어요.

조리시간 10분

주재료 · 브로콜리 1/2개(160g), 두부 1/2모 · 3회 분량

부재료 · 소금 1/2큰술, 간장 1/2큰술, 참기름 1/2큰술, 다진 마늘 1/4큰술, 통깨 조금

부찬

브로콜리 1/2개는 한입 크기로 썰어 주세요.

끓는 물에 소금 1/2큰술을 넣고 브로 콜리를 1분간 데쳐주세요.

끓는 물에 두부 1/2모를 넣고 1분간 데쳐주세요.

데친 브로콜리는 찬물에 헹구고, 두부 는 면보에 싸서 물기를 꽉 짜주세요.

브로콜리와 두부에 간장 1/2큰술, 참기 름 1/2큰술, 다진 마늘 1/4큰술을 넣고 무쳐주세요.

소금으로 부족한 간을 하고 통깨를 조 금 뿌려주세요.

 율브로맘's Commemt

처음 유아식을 시작하고 브로콜리를 데쳐주면 잘 먹지 않아 잘게 다져서 볶음밥이나 달걀말이에 넣어줬어요. 그러다 20개월 되던 해 초장에 찍은 브로콜리 맛을 보고는 그때부터 앉은자리에서 한 송이는 우습게 뚝딱 해치워요. 좋아하는 두부까지 넣으니 입이 꽉차도록 맛있게 먹어요.

조리시간 10분

주재료 · 콩나물 100g, 크래미 4개(70g) · 3회 분량

부재료 · 소금 1/2티스푼, 다진 마늘 1/4티스푼, 참기름 1/2큰술, 통깨 조금

① 크래미 4개는 결대로 찢어주세요.

② 콩나물 100g은 끓는 물에 6분간 삶아 체에 받쳐 물기를 뺍니다.

③ 볼에 소금 1/2티스푼, 다진 마늘 1/4티스푼, 참기름 1/2큰술을 섞어 양념장을 만들어주세요.

④ 양념장에 삶은 콩나물을 넣고 버무려주세요.

⑤ 크래미를 넣고 섞어주세요.

⑥ 통깨를 조금 뿌려주세요.

율브로맘's Commemt

크래미는 21개월 때 김밥에 맛살 대신 넣어준 게 처음이었어요. 달콤 짭쪼름하니 한 줄씩 잡고 계속 먹으려고 하더라고요. 좋아하는 콩나물과 어우러져 너무 잘 먹어요. 콩나물은 목에 걸릴 수 있으니 개월 수가 적은 아이들은 한두 번씩 잘라서 주세요.

색다른 식감의 단짠 조합

묵무침

조리시간 15분

주재료 · 묵 400g · 5회 분량

부재료 · 당근 30g, 오이 1/3개(50g), 파 30g, 상추 5장, 간장 2큰술, 참기름 1.5큰술, 설탕 1/3큰술, 김가루 1줌(10g), 통깨 조금

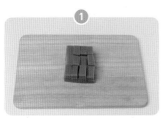

① 묵 400g은 끓는 물에 1분간 데쳐 물기를 뺀 후 1×2cm 크기로 썰어주세요.

② 당근 30g은 채 썰고, 오이 1/3개는 길게 2등분한 뒤 어슷썰기를 해주세요. 파 30g은 송송 썰고, 상추 5장은 먹기 좋은 크기로 듬성듬성 썰어주세요.

③ 간장 2큰술, 참기름 1.5큰술, 설탕 1/3큰술을 섞어 양념장을 만들어주세요.

④ 묵과 채소에 양념장을 붓고 살살 버무려주세요.

⑤ 김가루 1줌과 통깨를 조금 뿌려서 살살 버무려주세요.

 율브로맘's Commemt

15개월 때 외할머니가 해주신 도토리묵을 처음 먹여봤어요. 간장에 물과 참기름을 조금 타서 살짝 찍어주니 너무 잘 먹더라고요. 이젠 고춧가루를 조금 넣고 버무려도 잘 먹어요. 처음엔 아이들이 좋아하는 채소만 넣어서 만들어도 좋을 거예요.

쫄깃쫄깃 달콤한

북어조림

조리시간 20분

부찬

주재료	· 손질된 북어포 50g

· 2회 분량

부재료 · 양파 60g, 당근 30g, 물 100㎖, 올리고당 1큰술, 설탕 1/3큰술, 간장 2/3큰술,
다진 마늘 1/3큰술, 생강가루 조금, 후춧가루 조금, 참기름 1/2큰술, 통깨 조금

① 북어포 50g은 머리와 꼬리를 자르고 찬물에 담가 30분간 불려주세요.

② 불린 북어포는 적당한 크기로 자르고, 양파 60g, 당근 30g은 채 썰어주세요.

③ 물 100㎖, 올리고당 1큰술, 설탕 1/3큰술, 간장 2/3큰술, 다진 마늘 1/3큰술, 생강가루 조금, 후춧가루 조금 섞어 양념장을 만들어주세요.

④ 팬에 북어포와 양념장을 넣고 중불에 10분간 조려주세요.

⑤ 채 썬 양파와 당근을 넣고 5분간 더 조려주세요.

⑥ 불을 끄고 참기름 1/2큰술을 넣고 통깨를 조금 뿌려주세요.

율브로맘's Commemt

북어는 식감이 질겨 먹지 않을 것 같아 늘 국만 끓였어요. 그러다 3세 되던 해 추석에 친정엄마가 해주신 북어찜을 너무 잘 먹는 율브로를 보고 신기하고 놀라워서 엄마의 레시피에 양념을 조절해서 만들어보았어요. 달콤 짭짤한 양념 맛에 역시나 잘 먹어요.

아이들이 좋아하는

감자조림

조리시간 20분

주재료 · 감자 2개(230g)
· 3회 분량

부재료 · 양파 1/4개, 대파 10g, 간장 3큰술, 설탕 1큰술, 올리고당 2큰술, 다진 마늘 1/3큰술, 물 100㎖

① 감자 2개, 양파 1/4개는 깍둑썰기를 하고, 대파 10g은 송송 썰어주세요.

② 감자는 끓는 물에 살짝 데쳐주세요. 깍둑 썬 감자를 넣고 물이 끓어오르면 바로 꺼내요.

③ 데친 감자를 찬물에 헹구고 물기를 빼주세요.

④ 팬에 데친 감자, 깍둑 썬 양파, 간장 3큰술, 설탕 1큰술, 올리고당 2큰술, 다진 마늘 1/3큰술, 물 100㎖를 넣고 중불에 10분간 조려주세요.

⑤ 송송 썬 파를 넣고 1분간 더 조려주세요.

율브로맘's Commemt

달콤하고 짭짤한 맛 때문인지 율브로도 잘 먹지만 3세 조카가 너무 잘 먹었다는 이야기를 듣고 한꺼번에 많이 만들어서 나눠주는 반찬이에요. 개월 수에 맞게 당과 염도는 조절해주세요.

달콤 짭쪼름한

연근조림

조리시간 40분	주재료 · 연근 1개(200g)	· 5회 분량

부재료 · 식초 1큰술, 물 400㎖, 다시마 1장(4×4cm), 간장 3큰술, 맛술 1큰술, 설탕 1큰술, 올리고당 4큰술, 참기름 1큰술, 통깨 조금

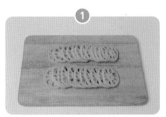

연근 1개는 껍질을 벗기고 0.5cm 두께로 동그랗게 잘라 물에 여러 번 씻어주세요.

끓는 물에 연근과 식초 1큰술을 넣고 5분간 삶아주세요.

삶은 연근을 찬물에 헹궈주세요.

물 400㎖에 다시마 1장, 간장 3큰술, 맛술 1큰술, 설탕 1큰술, 삶은 연근을 넣고 센 불에 10분간 끓여주세요.

다시마를 꺼내고 올리고당 3큰술을 넣어 15분간 중불에 조려주세요.

불을 끄고 올리고당 1큰술, 참기름 1큰술, 통깨를 조금 넣고 버무려주세요.

율브로맘's Commemt

30개월 때 외할머니께서 연근조림을 만들어주셨는데 크고 쫀득한 연근을 한입 꽉 차도록 넣고 너무 잘 먹었어요. 다 먹고 또 더 달라고 해서 그릇째 놓고 먹을 정도였죠. 할머니의 레시피를 기본으로 아이들에게 맞게 양념을 조절해서 만들었어요. 아삭한 식감 대신 쫀득한 식감을 좋아하면 올리고당 대신 물엿이나 조청을 넣어주세요.

밥상에 빠지면 아쉬운

서리태콩조림

조리시간
1시간

주재료 · 서리태 250g · 5회 분량

부재료 · 물 1ℓ, 간장 100㎖, 물엿 100㎖, 통깨 조금

콩 250g은 30분 동안 물에 불려두세요.

물 1ℓ에 불린 콩과 간장 100㎖를 넣고 중강불에 35분간 조려주세요.

물엿 100㎖를 넣고 5분간 더 조려주세요.

통깨를 조금 뿌려주세요.

 율브로맘's Commemt

서리태는 물에 불려서 밥에 넣다가 26개월에 조림으로 처음 만들어줬어요. 좀 딱딱하지만 달고 짠맛에 오물오물 잘 씹어 먹더라고요. 정작 엄마는 잘 안 먹는데, 아이들은 수저로 푹푹 퍼 먹을 정도로 좋아해요.

손이 가요~ 손이 가

표고버섯
메추리알장조림

조리시간
15분

주재료 · 삶은 메추리알 450g, 표고버섯 4개(40g)

· 5회 분량

부재료 · 물 600㎖, 다시마 1장(8×8cm), 파 40g, 마늘 3개, 간장 4큰술, 물엿 3큰술, 통깨 조금

삶은 메추리알 450g은 깨끗이 씻어
주세요.

파 40g은 큼지막하게 2등분을 해주
세요.

물 600㎖에 다시마 1장, 파, 마늘 3개,
표고버섯 4개를 넣고 중불에 10분간
끓여주세요.

표고버섯만 꺼내 한입 크기로 썰어주
세요.

육수에 메추리알과 표고버섯을 넣고
간장 4큰술, 물엿 3큰술로 간을 한 후
중불에 15분간 조려주세요.

통깨를 조금 뿌려주세요.

율브로맘's Commemt

삶은 메추리알은 11개월경 먹이기 시작했어요. 17개월부터 물, 간장, 꿀을 넣어 조려주기 시작했어요. 표고버섯을 그리

좋아하지 않는 막내 아이는 메추리알만 쏙쏙 골라 먹고, 표고버섯을 좋아하는 둘째 아이는 버섯을 먼저 먹어요. 물엿

대신 올리고당이나 꿀을 조금 희석해서 넣어도 좋아요.

조리시간 15분	주재료 · 애호박 1개(350g)	· 3회 분량

주재료 · 애호박 1개(350g)　　　　　　　　　　　　　　　· 3회 분량

부재료 · 양파 1/4개, 들기름 2큰술, 물 50㎖, 새우젓 1/2큰술, 다진 마늘 1/3큰술, 참기름 1/3큰술, 통깨 조금

애호박 1개는 0.5cm 두께로 반달썰기를 하고 양파 1/4개는 채 썰어주세요.

팬에 들기름 2큰술을 두르고 애호박, 양파를 중불에 5분간 볶아주세요.

물 50㎖, 새우젓 1/2큰술, 다진 마늘 1/3큰술을 넣고 중불에 7분간 졸여주세요.

참기름 1/3큰술과 통깨를 조금 뿌려주세요.

율브로맘's Commemt

유아식 시작부터 자주 접해서 호박 반찬에 전혀 거부감이 없어요. 한 번에 많이 만들어서 아이들 먹을 만큼 덜어내고 매콤한 고춧가루와 청양고추를 넣어 어른들 반찬으로도 맛있게 먹어요. 어린아이들은 호박을 채 썰어 볶아주면 좋아요.

쫄깃쫄깃 씹는 맛이 좋은

버섯볶음

조리시간 10분

주재료 · 표고버섯 3개(40g), 새송이버섯 1개(80g)

· 3회 분량

부재료 · 양파 50g, 파 10g, 들기름 1큰술, 다진 마늘 1/3큰술, 간장 1큰술, 설탕 1/2큰술, 맛술 1/3큰술, 참기름 1/2큰술, 통깨 조금

① 표고버섯 3개와 새송이버섯 1개는 1cm 두께로 채 썰어주세요. 양파 50g도 채 썰고 파 10g은 다져주세요.

② 표고버섯과 새송이버섯은 끓는 물에 넣고 1분간 데친 후 물기를 빼주세요.

③ 팬에 들기름 1큰술을 두르고 다진 마늘 1/3큰술, 다진 파를 1분간 볶아주세요.

④ 채 썬 표고버섯, 새송이버섯, 양파, 간장 1큰술, 설탕 1/2큰술, 맛술 1/3큰술, 참기름 1/2큰술을 넣고 2분간 볶아주세요.

⑤ 통깨를 조금 뿌려주세요.

율브로맘's Commemt

표고버섯은 첫째와 둘째 아이가 좋아하고, 막내 아이는 팽이버섯을 좋아하지만 이렇게 볶아주면 막내 아이도 잘 먹어서 19개월부터 볶아주기 시작했어요. 잘게 잘라 밥에 비벼줘도 잘 먹어요. 버섯은 종류마다 맛과 식감이 다르니 아이가 좋아하는 버섯을 찾아보세요.

색다른 조합의

콩나물어묵
볶음

조리시간 15분

주재료 · 콩나물 100g, 어묵 2장(100g)

· 3회 분량

부재료 · 파 20g, 간장 1큰술, 맛술 1/3큰술, 다진 마늘 1/3큰술, 소금 1/2티스푼, 참기름 1큰술, 통깨 조금

① 어묵 2장은 반으로 자른 후 1cm 두께로 채 썰고, 파 20g은 송송 썰어주세요.

② 채 썬 어묵을 끓는 물에 살짝 데쳐주세요.

③ 콩나물 100g은 끓는 물에 소금 1/2티스푼을 넣고 3분간 삶아주세요.

④ 삶은 콩나물, 데친 어묵, 송송 썬 파, 간장 1큰술, 맛술 1/3큰술, 다진 마늘 1/3큰술을 넣고 2분간 볶아주세요.

⑤ 참기름 1큰술을 둘러서 섞고, 통깨를 조금 뿌려주세요.

율브로맘's Commemt

어묵과 콩나물 둘 다 율브로가 너무나 좋아하는 재료로 잘 먹는 반찬이에요. 좀 더 잘게 잘라주고 볶음밥으로 만들어도 좋아요. 바쁜 아침에 쫑쫑 다져서 김가루를 조금 넣고 주먹밥을 만들어보세요. 개월 수가 적은 아이들은 간장 양을 조절하고 콩나물을 2~3등분해주세요.

밥에 비벼 먹어도 맛있는

감자볶음

조리시간
15분

주재료 · 감자 2개(280g)

· 3회 분량

부재료 · 당근 40g, 양파 80g, 식용유 3큰술, 소금 1/2티스푼, 통깨 조금

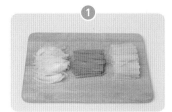

① 감자 2개는 가늘게 채 썰고, 당근 40g, 양파 80g도 채 썰어주세요.

② 채 썬 감자는 찬물에 5분간 담갔다가 체에 받쳐 물기를 빼주세요.

③ 팬에 식용유 3큰술을 두르고 채 썬 감자를 2분간 볶아주세요.

④ 채 썬 당근과 양파를 넣고 소금 1/2티스푼을 뿌려서 6분간 더 볶아주세요.

⑤ 통깨를 조금 뿌려주세요.

율브로맘's Commemt

6개월 때 처음으로 삶은 감자에 치즈를 녹여 감자볼을 만들어주었어요. 좀 더 작게 잘라 밥과 비벼줘도 너무 잘 먹어요.

아삭한 식감이 싫으면 2번 과정은 생략해도 됩니다.

여름에 더 맛있는

가지볶음

조리시간 15분

| 주재료 | · 가지 1개(150g) | · 3회 분량 |

부재료 · 양파 1/4개, 식용유 1큰술, 들기름 1큰술, 다진 마늘 1/3큰술, 간장 1큰술, 맛술 1/2큰술, 설탕 1/2큰술, 참기름 1/3큰술, 통깨 조금

① 가지 1개는 세로로 길게 절반을 잘라 어슷썰기, 양파 1/4개는 채 썰어주세요.

② 팬에 식용유 1큰술, 들기름 1큰술을 두르고 다진 마늘 1/3큰술을 노릇해질 때까지 약불로 볶아주세요.

③ 어슷 썬 가지와 채 썬 양파를 넣고 중불에 3분간 볶아주세요.

④ 가지 숨이 죽으면 간장 1큰술, 맛술 1/2큰술, 설탕 1/2큰술을 넣고 2분간 볶아주세요.

⑤ 마지막으로 참기름 1/3큰술과 통깨를 조금 뿌려주세요.

율브로맘's Commemt

쪄서 무치는 가지나물은 물컹한 식감 때문인지 둘째 아이 외에는 잘 먹지 않았어요. 그런데 이렇게 볶아주니 가지를 입에도 대지 않던 막내 아이까지 너무 잘 먹어요. 고춧가루를 조금 넣으면 엄마 아빠도 맛있게 먹을 수 있어요.

밥을 계속 찾게 되는

어묵볶음

조리시간 15분

주재료 •	어묵 4장(200g)

• 3회 분량

부재료 • 당근 30g, 양파 60g, 대파 40g, 식용유 2큰술, 물 5큰술, 간장 1큰술, 다진 마늘 1/4큰술, 올리고당 1큰술, 참기름 1/3큰술, 통깨 조금

① 어묵 4장은 1×5cm 크기로 네모나게 썰어주세요. 당근 30g, 양파 60g은 채 썰고, 대파 40g은 어슷썰기를 해주세요.

② 어묵은 끓는 물에 30초간 데쳐주세요.

③ 팬에 식용유 2큰술을 두르고 다진 마늘 1/4큰술, 데친 어묵, 채 썬 당근, 양파를 중불에 3분간 볶아주세요.

④ 간장 1큰술, 물 5큰술을 넣고 수분이 사라질 때까지 중불에 볶아주세요.

⑤ 어슷 썬 대파, 올리고당 1큰술을 넣고 1분간 더 볶아주세요.

⑥ 마지막으로 참기름 1/3큰술과 통깨를 조금 뿌려주세요.

율브로맘's Commemt

아이들의 가장 기본적인 반찬 중 하나죠. 달콤 짭조름해 누구든 좋아하는 반찬이에요. 율브로만큼이나 어묵볶음을 좋아하는 아빠는 고춧가루를 조금 추가해서 만들어줘요. 어묵 자체가 맛있으면 어떻게 만들어도 다 맛있어요.

조리시간
15분

주재료 · 깻잎 60장(90g)　　　　　　　　　　　　　　　　· 10회 분량

부재료 · 양파 40g, 파 30g, 들기름 3큰술, 다진 마늘 1/3큰술, 간장 2/3큰술, 통깨 조금

깻잎 60장은 4등분하고, 양파 40g은 채 썰고, 파 30g은 송송 썰어주세요.

깻잎은 끓는 물에 5분간 삶은 다음 물기를 빼주세요.

팬에 들기름 3큰술을 두르고 깻잎을 2분간 볶아주세요.

채 썬 양파, 송송 썬 파, 다진 마늘 1/3큰술, 간장 2/3큰술을 넣고 4분간 더 볶아주세요.

통깨를 조금 뿌려주세요.

 율브로맘's Commemt

깻잎은 식감과 향 때문에 잘 먹지 않을 거라고 생각했는데, 27개월 때 어린이집에서 나온 선생님의 반찬인 깻잎볶음을 삼둥이가 다 뺏어 먹었다더군요. 고기를 싸주니 너무 잘 먹어서 신기했어요. 이젠 고기쌈은 물론 볶거나 된장양념과 삶아줘도 너무 잘 먹어요.

아삭아삭 깔끔한 맛

양배추볶음

조리시간 15분

| 주재료 · | 양배추 300g | · 5회 분량 |

부재료 · 당근 30g, 식초 1큰술, 식용유 2큰술, 다진 마늘 1/3티스푼, 간장 1큰술, 설탕 1/2큰술, 후춧가루 조금, 참기름 1/2큰술, 통깨 조금

① 양배추 300g은 1장씩 뜯어 식초 1큰술을 섞은 물에 10분간 담가두세요.

② 양배추를 물에 헹궈 물기를 뺀 후 채썰고, 당근 30g도 채 썰어주세요.

③ 팬에 식용유 2큰술을 두르고 다진 마늘 1/3티스푼을 노릇해질 때까지 볶아주세요.

④ 채 썬 양배추와 당근을 3분간 볶아주세요.

⑤ 간장 1큰술, 설탕 1/2큰술, 후춧가루 조금 넣고 4분간 더 볶아주세요.

⑥ 불을 끄고 참기름 1/2큰술을 뿌려 뒤적여주세요.

⑦ 통깨를 조금 뿌려주세요.

율브로맘's Commemt

달큰한 맛 때문인지 유아식 시작부터 삶아서 아무 양념 없이 잘 먹었던 양배추. 쌈장이나 간장양념장만 있으면 한 그릇 순삭할 정도로 막내 아이가 가장 좋아하는 쌈채소예요. 양배추볶음은 쌈보다 더 아삭한 식감으로 율브로 셋 다 잘 먹어요. 개월 수가 적은 아이들은 후춧가루를 생략해주세요.

조리시간 15분	주재료 · 새우 200g, 브로콜리 1/2송이	· 3회 분량
	부재료 · 올리브유 2큰술, 다진 마늘 1/3큰술, 맛술 1큰술, 소금 1/2티스푼, 후춧가루 조금, 통깨 조금	

❶ 브로콜리 1/2송이는 깨끗이 씻은 후 한입 크기로 잘라주세요.

❷ 브로콜리를 끓는 물에 1분간 데치고 체에 받쳐 물기를 빼주세요.

❸ 새우 200g은 맛술 1큰술, 소금과 후춧가루를 살짝 뿌려 밑간을 해주세요.

❹ 팬에 올리브유 2큰술을 두르고 다진 마늘 1/3큰술을 30초간 볶아주세요.

❺ 새우를 먼저 넣고 2분간 볶아주세요.

❻ 데친 브로콜리, 소금 1/2티스푼을 넣고 5분간 볶아주세요.

❼ 통깨를 조금 뿌려주세요.

율브로맘's Commemt

유아식을 시작할 때는 올리브유에 소금 간만 살짝 해서 볶아주었어요. 그때는 새우만 쏙쏙 골라 먹더니 20개월부터 브로콜리까지 남김없이 먹어치운답니다.

올브로맘's Recipe

부드럽고 맛있는

달걀부추볶음

조리시간 10분

주재료	달걀 3개, 부추 40g
부재료	우유 30㎖, 소금 1/2티스푼, 들기름 2큰술

· 2회 분량

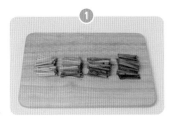

① 부추 40g은 2cm 길이로 썰어주세요.

② 달걀 3개를 풀고, 부추, 우유 30㎖, 소금 1/2티스푼을 섞어주세요.

③ 팬에 들기름 2큰술을 두르고 달걀물을 부어주세요.

④ 살살 저어가며 3분간 스크램블을 만들어주세요.

율브로맘's Commemt

바쁜 아침에 밥 없이 달걀부추볶음만 해서 쥐도 좋아요. 14개월 때는 부추를 다져서 넣거나 갈아서 즙만 섞어서 만들기도 했어요. 율브로는 달걀에 어떤 재료를 넣어도 잘 먹어요. 안 먹는 채소를 잘게 다져서 넣으면 좋아요.

맵지 않아 아이들도 잘 먹는

김치볶음

조리시간 15분

주재료 · 신김치 250g	· 3회 분량
부재료 · 들기름 2큰술, 설탕 2/3큰술, 송송 썬 쪽파 1큰술, 통깨 조금	

신김치 250g은 물에 양념을 씻어주세요.

잘 씻은 김치는 밑동을 썰어내고 1cm 두께로 채 썰어주세요.

팬에 들기름 2큰술을 두르고 씻은 김치는 설탕 2/3큰술을 넣고 10분간 볶아주세요.

송송 썬 쪽파 1큰술과 통깨를 조금 뿌려주세요.

 율브로맘's Commemt

20개월 이전엔 김치를 30분 이상 찬물에 담갔다가 만들어줬어요. 김치를 워낙에 좋아하는 율브로는 이거 하나만 있어도 밥 한 공기 순삭이에요. 밥과 김치볶음만 넣고 김밥을 싸줘도 아주 잘 먹어요.

율브로맘's Recipe

달콤짭짤! 최애 반찬

멸치볶음

조리시간 15분

주재료 · 멸치 100g

· 5회 분량

부재료 · 식용유 1큰술, 올리고당 1큰술, 설탕 1/2큰술, 통깨 조금

① 멸치 100g을 기름 없이 마른 팬에 중불로 5분간 볶아주세요.

② 볶은 멸치는 체에 받쳐 부스러기 가루를 거르고 완전히 식혀주세요.

③ 팬에 식용유 1큰술, 올리고당 1큰술, 설탕 1/2큰술을 넣고 약불에 녹여주세요.

④ 볶은 멸치를 넣고 약불에 양념이 고루 섞이도록 1분간 볶아주세요.

⑤ 통깨를 조금 뿌려주세요.

율브로맘's Commemt

가장 기본적인 아이들 반찬이죠. 유아식 초기에는 멸치를 물에 잠깐 담가두어 짠기를 빼고 올리고당만 살짝 넣어 부드럽게 만들어주었어요. 방망이로 잘게 부수고 달걀 스크램블과 함께 주먹밥을 해주면 바쁜 아침 한 끼로 아주 좋아요. 아몬드 슬라이스나 다진 호두를 넣으면 맛있는 견과류 멸치볶음이 됩니다. 고추장을 추가하면 매콤하고 맛있는 엄마 아빠 반찬이 돼요.

쫄깃쫄깃 달콤한

오징어실채
볶음

조리시간 10분

주재료 · 오징어실채 100g

· 3회 분량

부재료 · 식용유 2큰술, 간장 1/2큰술, 설탕 1/2큰술, 올리고당 1큰술, 통깨 조금

오징어실채 100g은 3cm 간격으로 자르고 뭉친 부분을 풀어주세요.

팬에 식용유 2큰술을 두르고 오징어 실채를 중약불에 3분간 볶아주세요.

간장 1/2큰술, 설탕 1/2큰술을 넣고 2분 간 더 볶다가 불을 끄고 한 김 식힌 후 올리고당 1큰술을 넣고 버무려주세요.

통깨를 조금 뿌려주세요.

율브로맘's Commemt

조금 두꺼운 오징어채는 질겨서 잘 씹지도 삼키지도 못하더라고요. 40개월 때 오징어실채로 처음 볶아주었는데 밥 위에 올리거나 잘게 잘라 밥에 비벼줘도 잘 먹었어요. 고추장을 넣으면 엄마 아빠도 맛있게 먹을 수 있어요.

부찬

바사삭 씹히는 소리가 재밌는

건새우볶음

조리시간 15분

주재료 · 건새우 70g

· 3회 분량

부재료 · 간장 1큰술, 올리고당 1큰술, 설탕 1/2큰술, 다진 마늘 1/3큰술, 참기름 1/2큰술, 통깨 조금

① 건새우 70g을 기름 없이 마른 팬에 중불로 5분간 볶아주세요.

② 볶은 건새우는 체에 받쳐 부스러기 가루를 거르고 식혀주세요.

③ 팬에 간장 1큰술, 올리고당 1큰술, 설탕 1/2큰술, 다진 마늘 1/3큰술을 넣고 약불에 끓여주세요.

④ 양념장이 보글보글 끓어오르면 건새우를 넣고 약불에 1분간 볶아주세요.

⑤ 참기름 1/2큰술과 통깨를 조금 뿌려 주세요.

율브로맘's Commemt

건새우는 육수 낼 때만 사용했는데, 새우를 너무 좋아하는 율브로를 생각해서 만들어본 메뉴예요. 바삭바삭하고 달콤해 서인지 손으로 집어 먹을 정도예요. 엄마의 맥주 안주로도 좋고, 고추장을 조금 넣어 볶으면 맛있는 어른 반찬이 됩니다.

소시지
야채볶음

조리시간 20분

주재료 ·	비엔나소시지 200g

· 3회 분량

부재료 · 양파 60g, 당근 30g, 파프리카 60g(2가지 색 30g씩), 식용유 2큰술, 다진 마늘 1/3큰술, 케첩 1큰술, 올리고당 1/3큰술, 간장 1/3큰술, 통깨 조금

① 비엔나소시지 200g은 칼집을 내고, 양파 60g, 당근 30g, 파프리카 60g은 나박나박 썰어주세요.

② 비엔나소시지를 끓는 물에 1분간 데쳐주세요.

③ 팬에 식용유 2큰술을 두르고 양파, 당근, 다진 마늘 1/3큰술을 중불에 2분간 볶아주세요.

④ 비엔나소시지와 파프리카를 넣고 2분간 더 볶아주세요.

⑤ 케첩 1큰술, 올리고당 1/2큰술, 간장 1/3큰술을 넣고 2분간 볶아주세요.

⑥ 통깨를 조금 뿌려주세요.

율브로맘's Commemt

비엔나소시지는 30개월에 처음 먹였어요. 케첩은 27개월 때 키즈카페에서 핫도그에 발라 먹은 게 처음이었고요. 아이들에게는 반찬으로 주고, 매콤한 고춧가루와 청양고추, 후춧가루를 넣으면 술안주로 좋아요.

주재료 · 애호박 1개(300g), 참치 50g

· 3회 분량

부재료 · 달걀 2개, 당근 30g, 소금 조금, 식용유 2큰술

① 애호박 1개는 1cm 두께로 동그랗게 썰고, 당근 30g은 다져주세요.

② 참치 50g은 기름기를 제거해주세요.

③ 달걀 2개를 풀고 참치, 다진 당근, 소금 조금 넣고 섞어주세요.

④ 애호박은 모양 틀로 안쪽을 찍어서 파내 주세요.

⑤ 팬에 식용유 2큰술을 두르고 애호박을 먼저 깐 다음 속에 달걀물을 부어주세요.

⑥ 중약불에 5분간 앞뒤로 구워주세요.

율브로맘's Commemt

20개월 때 처음 만들어주었던 메뉴예요. 호박을 그냥 구워도 잘 먹는 율브로가 너무너무 잘 먹는 반찬이에요. 모양틀을 이용해 아이들과 함께 재밌게 만들어볼 수도 있어요. 모양틀이 없으면 음료수 뚜껑이나 영양제 계량컵 등 집에 있는 도구들을 이용해보세요.

조리시간 10분

주재료 · 어묵 2장(40g), 달걀 1개

부재료 · 밀가루 1/2큰술, 당근 10g, 파 10g, 식용유 2큰술

· 2회 분량

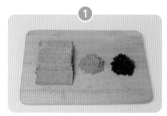

어묵 2장은 네모나게 썰고, 당근 10g, 파 10g은 잘게 다져주세요.

달걀 1개를 풀어 다진 파와 당근을 넣고 섞어주세요.

비닐봉지에 밀가루 1/2큰술, 어묵을 넣고 흔들어 어묵에 밀가루를 묻혀주세요.

팬에 식용유 2큰술을 두르고 밀가루 묻힌 어묵에 달걀물을 입혀 중약불에 앞뒤로 골고루 2분간 구워주세요.

율브로맘's Commemt

● ●

20개월 때 간식으로 만들어주었는데 너무 잘 먹었어요. 더 어릴 때는 3번 과정을 생략하고 어묵을 잘게 썰어 달걀에 섞어서 부쳐주었어요.

옥수수밥전

조리시간 **15분**	**주재료** · 캔 옥수수 100g, 밥 150g · 3회 분량
	부재료 · 양파 50g, 당근 30g, 애호박 30g, 파프리카 30g, 달걀 3개, 부침가루 1큰술, 소금 1/2티스푼, 식용유 2큰술

① 캔 옥수수 100g은 체에 받쳐 물기를 빼주세요.

② 양파 50g, 당근 30g, 애호박 30g, 파프리카 30g은 다져주세요.

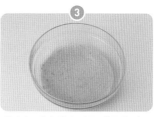

③ 옥수수, 다진 양파, 당근, 애호박, 파프리카, 달걀 3개, 부침가루 1큰술, 소금 1/2티스푼을 섞어주세요.

④ 밥 150g을 넣고 다 같이 섞어주세요.

⑤ 팬에 식용유 2큰술을 두르고 한 숟가락씩 떠서 앞뒤로 골고루 중불에 5분 간 부쳐주세요.

율브로맘's Commemt

율브로는 33개월 때부터 캔 옥수수를 먹기 시작했어요. 밥 대용이나 간식으로도 좋은 메뉴예요. 애호박 알레르기가 있는 아이들은 다른 재료로 대체하거나 잘 안 먹는 채소를 잘게 다져 넣어보세요. 캔 옥수수의 달콤한 맛에 아이들 모두 잘 먹을 거예요.

율브로맘's Recipe

영양 듬뿍 고소한

달걀참치전

조리시간 15분	**주재료** · 달걀 3개, 참치 1캔(135g)	· 2회 분량
	부재료 · 다진 당근 30g, 식용유 2큰술	

참치 1캔은 따서 체에 받쳐 10분간 두고 기름기를 빼주세요.

달걀 3개를 풀고 다진 당근 30g을 섞어주세요.

기름기 뺀 참치를 달걀물에 넣고 섞어주세요.

팬에 식용유 2큰술을 두르고 수저로 한입 크기씩 떠서 앞뒤로 골고루 3분간 구워주세요.

율브로맘's Commemt

참치 캔을 따서 바로 사용하면 퓨란이라는 발암물질을 섭취하게 된다고 해요. 캔을 따서 다른 용기에 담아 10분 정도 두었다가 사용하면 무해하니 1번 과정은 생략하지 말아주세요. 처음에는 뜨거운 물로 참치 기름기를 씻어내고 양배추와 볶아주었는데 잘 먹지 않았어요. 그러다 27개월부터는 참치를 거부감 없이 잘 먹더라고요. 청양고추를 다져 넣으면 어른 반찬, 술안주가 된답니다.

올브로맘's Recipe

고소하고 영양가 높은

두부채소전

조리시간 15분	주재료 · 두부 1/2모(150g), 깻잎 5장, 양파 50g, 당근 30g, 파 30g	· 3회 분량
	부재료 · 달걀 2개, 부침가루 1큰술, 소금 1/2티스푼, 식용유 1큰술	

1 두부 1/2모는 면보에 싸서 물기를 꽉 짠 후 으깨주세요.

2 깻잎 5장, 양파 50g, 당근 30g, 파 30g은 다져주세요.

3 으깬 두부, 다진 깻잎, 양파, 당근, 파, 달걀 2개, 부침가루 1큰술을 골고루 섞어주세요.

4 소금 1/2티스푼을 넣어 간을 해주세요.

5 팬에 식용유를 두르고 반죽을 한 숟가락씩 덜어 앞뒤로 골고루 4분간 부쳐주세요.

율브로맘's Commemt

부치기가 무섭게 입을 쩍쩍 벌려가며 달라고 할 정도로 잘 먹어요. 유아식 시작 시기에는 깻잎을 빼고 만들다가 29개월 부터 깻잎을 넣어주었어요. 깻잎향이 향긋하고 좋지만 향에 민감한 아이라면 깻잎을 빼고 좋아하는 다른 채소들을 넣어주세요. 안 먹는 채소를 아주 잘게 다져서 넣어도 좋아요. 청양고추를 다져 넣으면 어른 반찬이 됩니다.

김치 좋아하지 않는
아이들도 잘 먹는

숙주김치전

| 조리시간 20분 | 주재료 · 김치 1/4포기(200g), 숙주 100g | · 3회 분량 |
| | 부재료 · 양파 50g, 파 30g, 튀김가루 1컵, 부침가루 1컵, 물 1.5컵, 설탕 1/2큰술, 식용유 적당량 | |

① 김치 1/4포기는 물에 양념을 씻어내고 찬물에 10분간 담가 맵고 짠기를 빼주세요.

② 씻은 김치와 양파 50g은 가늘게 채 썰고 파 30g은 송송 썰어주세요.

③ 숙주 100g은 끓는 물에 1분간 데치고 찬물에 헹궈 물기를 짜주세요.

④ 숙주는 듬성듬성 썰고, 채 썬 김치, 양파, 송송 썬 파를 섞어주세요.

⑤ 튀김가루 1컵, 부침가루 1컵, 물 1.5컵, 설탕 1/2큰술을 잘 섞어 반죽을 만들어주세요.

⑥ 예열된 팬에 식용유를 두르고 반죽을 1수저씩 올려 동그랗고 얇게 펴서 앞뒤로 노릇노릇 부쳐주세요.

율브로맘's Commemt

김치를 좋아하는 삼둥이들은 20개월부터 간식으로도 반찬으로도 너무 잘 먹는 메뉴예요. 매운 김치를 못 먹는 아이들은 백김치로 만들어도 좋아요. 청양고추를 쫑쫑 썰어 넣으면 엄마 아빠도 너무 좋겠죠?

율브로맘's Recipe

Part. 3

주찬

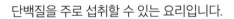

단백질을 주로 섭취할 수 있는 요리입니다.

고기와 생선이 주가 되는 메뉴예요. 부찬보다는 손이 많이 가지만

그만큼 아이들에게 반응이 좋았어요.

밑반찬을 만들기 힘든 날에는 등갈비나 닭봉튀김, 수육 등의

메뉴로 주찬에 힘을 줍니다.

두부조림

조리시간 20분

주재료 ·	부침용 두부 1모(300g)

· 3회 분량

부재료 · 당근 30g, 양파 1/4개, 대파 조금, 식용유 2큰술, 간장 2큰술, 참기름 1/3큰술, 설탕 1큰술, 다진 마늘 1/4큰술, 물 80㎖, 통깨 조금

① 두부 300g은 절반을 잘라서 0.5cm 두께로 네모나게 썰고, 당근 30g, 양파 1/4개, 대파는 잘게 다져주세요.

② 두부는 키친타월에 올려 물기를 제거하고, 팬에 식용유 2큰술을 둘러 앞뒤로 노릇하게 부쳐주세요.

③ 간장 2큰술, 참기름 1/3큰술, 설탕 1큰술, 다진 마늘 1/4큰술, 물 80㎖를 섞어 양념장을 만들어주세요.

④ 팬에 두부를 깔고 다진 당근, 양파, 대파를 올린 다음 양념장을 골고루 부어주세요.

⑤ 뚜껑을 닫고 10분간 약불에 조려주세요.

⑥ 통깨를 조금 뿌려주세요.

율브로맘's Commemt

아이들이 잘 안 먹는 채소들을 잘게 다져 넣어보세요. 두부 안 먹는 아이들도 달콤 짭쪼름한 양념장에 잘 먹을 거예요.

유아식 시작부터 먹일 때는 아이한테 맞게 간을 조절하고, 고춧가루 1큰술, 청양고추 1개를 어슷 썰어 넣으면 매콤한 어른 반찬이 돼요.

고소하고 짭쪼름한

두부베이컨
말이

조리시간 15분	주재료 · 두부 1모(300g), 베이컨 180g · 2회 분량 부재료 ·

두부 1모는 절반을 잘라서 1cm 두께로 썰어주세요.

두부를 키친타월에 올려 물기를 제거해주세요.

베이컨 180g은 2등분을 해주세요.

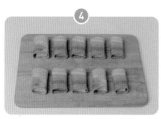

베이컨을 1장씩 떼어 두부를 올리고 돌돌 말아주세요.

팬에 베이컨이 겹치는 부분이 닿도록 올리고 한쪽 면이 완전히 익으면 뒤집어서 구워주세요.

 율브로맘's Commemt

베이컨은 여러 가지 재료와 다양하게 요리를 할 수 있어요. 담백한 두부가 베이컨의 짭쪼름한 맛을 잡아주어서 건강에도 좋고 만들기도 쉬워요. 아이들은 반으로 잘라서 주고, 엄마 아빠는 두부에 소금과 후춧가루로 밑간을 하면 맛있게 먹을 수 있어요.

편식하는 아이도 잘 먹는

두부강정

조리시간 15분

주재료 · 두부 1모(300g)

· 3회 분량

부재료 · 전분가루 1큰술, 케첩 2/3큰술, 간장 2/3큰술, 다진 마늘 1/3큰술, 꿀 1큰술, 설탕 1/2큰술,
물 2큰술, 식용유 5큰술, 통깨 조금

① 두부는 절반을 잘라서 1.5cm 두께로 네모나게 썰어주세요.

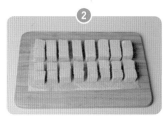

② 두부를 키친타월에 올려 물기를 제거해주세요.

③ 비닐봉지에 전분가루 1큰술과 두부를 넣고 살살 흔들어 두부에 전분가루를 묻혀주세요.

④ 팬에 식용유 5큰술을 두르고 두부를 골고루 튀겨주세요.

⑤ 케첩 2/3큰술, 간장 2/3큰술, 다진 마늘 1/3큰술, 꿀 1큰술, 설탕 1/2큰술, 물 2큰술을 섞고 걸쭉해질 때까지 3분가량 조려주세요.

⑥ 튀긴 두부에 ⑤의 소스를 부어 버무려주세요.

⑦ 통깨를 조금 뿌려주세요.

율브로맘's Commemt

매번 두부는 달걀물을 입혀 부쳐주다가 24개월부터 강정으로 만들어줬어요. 레시피를 공유하고 많은 호응을 얻었던 메뉴 중 하나예요. 좋은 후기도 참 많았고요. 유아식 시작부터 먹일 때는 케첩은 빼고 꿀 대신 올리고당으로 대체해주세요. 개월 수가 더 적은 아이들은 양념을 묻히지 않고 두부 튀김만 줘도 좋아요.

단백질을 풍부하게 섭취하는

두부돼지고기
볶음

조리시간 10분

주재료	돼지고기 다짐육 150g, 두부 1/2모(150g)

· 3회 분량

부재료	양파 60g, 당근 20g, 다진 파 50g, 다진 마늘 1/2큰술, 소금 1/2큰술, 식용유 2큰술, 물 150㎖, 간장 2큰술, 맛술 1큰술, 설탕 1/2큰술, 후춧가루 조금, 전분가루 1큰술, 참기름 1큰술, 통깨 조금

① 두부 1/2모를 1.5x1.5cm 크기로 네모나게 썰어서 끓는 물에 소금 1/2큰술을 넣고 1분간 데쳐주세요.

② 양파 60g, 당근 20g은 얇게 채 썰어주세요.

③ 팬에 식용유 2큰술을 두르고 돼지고기 다짐육 150g, 다진 파 50g, 다진 마늘 1/2큰술을 넣고 5분간 볶아주세요.

④ 간장 2큰술, 맛술 1큰술, 설탕 1/2큰술, 물 100㎖, 후춧가루 조금 넣어주세요.

⑤ 데친 두부와 채 썬 양파, 당근을 넣고 살살 저어가며 5분간 볶아주세요.

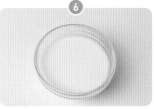

⑥ 물 50㎖에 전분가루 1큰술을 섞어 전분물을 만들어주세요.

⑦ 전분물 3큰술을 넣어 농도를 맞춰주세요.

⑧ 불을 끈 후 참기름 1큰술을 두르고 통깨를 조금 뿌려주세요.

율브로맘's Commemt

반찬으로도 좋고, 덮밥처럼 밥 위에 올려주면 쓱싹 비벼 한 그릇 뚝딱이에요. 두부와 고기 둘 다 건강하고 든든한 재료여서 좋아요. 유아식 시작부터 먹일 때는 두부를 으깨주고 후춧가루는 빼도 됩니다. 두부 대신 가지를 같이 볶아도 맛있어요.

바삭바삭 담백하고 부드러운

닭안심가스

조리시간 1시간

| 주재료 · | 닭안심살 400g | · 5회 분량 |

부재료 · 우유 200㎖, 밀가루 1컵(종이컵), 튀김가루 2컵, 달걀 2개, 식용유 200㎖, 소금 1/2티스푼, 맛술 1큰술, 후춧가루 조금

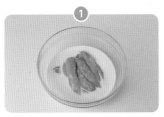

① 닭안심 400g은 우유 200㎖에 30분간 담가 잡내를 제거해주세요.

② 우유에 재워두었던 닭안심을 물에 헹구고 물기를 제거해주세요.

③ 닭안심에 소금 1/2티스푼, 맛술 1큰술, 후춧가루를 골고루 뿌려 밑간을 하고 30분 동안 재워두세요.

④ 달걀 2개는 소금을 조금 넣고 풀어서 달걀물을 만들어주세요.

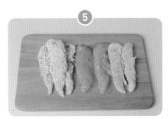

⑤ 밀가루, 달걀물, 튀김가루 순으로 닭안심에 튀김옷을 입혀주세요.

⑥ 팬에 식용유 200㎖를 붓고 170도에 앞뒤로 골고루 튀겨주세요.

율브로맘's Commemt

20개월부터 만들어줬고 처음에 후춧가루를 빼고 만들었어요. 튀김은 맛있기는 한데 집에서 만들기가 꽤 번거롭죠. 하지만 아이들이 먹는 모습을 보면 참 뿌듯해요. 반찬으로도 간식으로도 너무 좋고 엄마의 다이어트 식단으로도 좋아요. 5번 과정을 마치고 소분해 냉동실에 두고 필요할 때 편하게 먹을 수 있어요. 튀김 요리 시 튀김가루 1꼬집을 떨어뜨렸을 때 가라앉다 곧바로 올라오면서 보글보글 튀겨지면 예열이 잘된 상태예요.

간식으로도 반찬으로도 좋은

닭봉간장조림

조리시간 30분

주재료 · 닭봉 400g

· 3회 분량

부재료 · 물 4컵(삶기용), 맛술 2큰술, 식용유 2큰술, 물 100㎖(양념장용), 간장 3큰술, 올리고당 1큰술, 설탕 1큰술, 다진 마늘 1/3큰술, 후춧가루 조금, 통깨 조금

1

냄비에 물 4컵, 닭봉 400g, 맛술 2큰술을 넣고 끓기 시작하면서부터 5분간 끓여주세요.(총 8분)

2

삶은 닭봉은 찬물에 헹궈 물기를 쏙 빼주세요.

3

팬에 식용유 2큰술을 두르고 삶은 닭봉을 중약불에 5분간 구워주세요.

4

물 100㎖, 간장 3큰술, 올리고당 1큰술, 설탕 1큰술, 다진 마늘 1/3큰술, 후춧가루 조금 넣고 양념장을 만들어주세요.

5

구운 닭봉에 양념장을 붓고 중불에 10분, 약불에 5분간 조려주세요.

6

통깨를 조금 뿌려주세요.

율브로맘's Commemt

율브로는 물론 놀러 온 4세 동생과 8세 누나에게도 인기가 많았던 메뉴예요. 유아식 시작부터 먹일 때는 간장과 설탕의

양을 줄이고 먹기 좋게 살만 발라주세요. 후춧가루는 빼도 됩니다.

담백하고 카레 향 가득한

닭가슴살
카레볶음

조리시간 20분

주재료 · 닭가슴살 220g

· 3회 분량

부재료 · 양파 60g, 파 50g, 우유 200㎖, 간장 1큰술, 카레 가루 1큰술, 맛술 1큰술, 설탕 1/2큰술, 다진 마늘 1/3큰술, 생강가루 조금, 후춧가루 조금, 식용유 2큰술, 검은깨 조금

① 양파 60g은 채 썰고, 파 50g은 송송 썰어주세요.

② 닭가슴살 220g은 우유에 30분 정도 담가 잡내를 제거해주세요.

③ 우유에 재워두었던 닭가슴살을 흐르는 물에 씻어내고 결 반대 방향으로 한입 크기로 썰어주세요.

④ 간장 1큰술, 카레 가루 1큰술, 맛술 1큰술, 설탕 1/2큰술, 다진 마늘 1/3큰술, 생강가루 조금, 후춧가루 조금 섞어 양념장을 만들어주세요.

⑤ 닭가슴살에 양념장을 버무려 1시간 정도 재워두세요.

⑥ 팬에 식용유 2큰술을 두르고 채 썬 양파, 송송 썬 파를 1분간 볶아주세요.

⑦ ⑥에 양념한 닭가슴살을 넣고 5분간 볶아주세요.

⑧ 검은깨를 조금 뿌려주세요.

율브로맘's Commemt

인스타그램에서 리뷰가 많이 달렸던 메뉴예요. 카레를 좋아하는 아이라면 누구나 좋아할 만한 반찬이에요. 생강향이나 카레 향에 민감한 아이라면 생강가루, 카레 가루를 빼고 만들어도 좋아요.

올브로맘's Recipe

단짠단짠 든든한

간장찜닭

조리시간 50분

주재료 · 닭 1마리(800g) · 5회 분량

부재료 · 감자 2개, 당근 1/2개(90g), 양파 2/3개, 파 1대, 간장 5큰술, 맛술 2큰술, 설탕 1큰술, 참기름 1큰술, 다진 마늘 1/2큰술, 생강가루 1/2티스푼, 후춧가루 조금

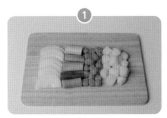

① 감자 2개, 당근 1/2개는 네모나게 썰어서 모서리를 둥글게 깎고, 양파 2/3개는 1cm 두께로 채 썰고, 파 1대는 5cm 길이로 썰어주세요.

② 닭 1마리는 기름기가 많은 껍질은 제거하고 흐르는 물에 씻어주세요.

③ 끓는 물에 닭 1마리와 맛술 1큰술을 넣고 5분간 데쳐주세요.

④ 데친 닭을 흐르는 물에 헹궈주세요.

⑤ 냄비에 데친 닭, 손질한 감자, 당근, 양파, 파를 담고, 간장 5큰술, 맛술 1큰술, 설탕 1큰술, 참기름 1큰술, 다진 마늘 1/2큰술, 생강가루 1/2티스푼, 후춧가루 조금 넣고 센 불에 20분간 끓여주세요.

⑥ 중불에 20분 더 끓여주세요.

율브로맘's Commemt

닭가슴살이 뻑뻑해서 잘 못 먹는다면 날개와 닭봉으로만 조리해도 좋아요. 감자와 당근도 달큰하고 짬쪼름해서 맛있게 잘 먹어요. 고기를 좋아하는 아이들은 누구나 잘 먹을 거예요.

올브로맘's Recipe

자꾸만 먹고 싶은

닭봉튀김

조리시간
1시간

| 주재료 · 닭봉 7개(260g) | · 2회 분량 |

부재료 · 우유 200㎖, 다진 마늘 1티스푼, 소금 1/2티스푼, 생강가루 1/2티스푼, 후춧가루 조금, 전분가루 1.5큰술, 식용유 150㎖

닭봉 7개는 우유 200㎖에 30분간 담가 잡내를 제거해주세요.

우유에 재워두었던 닭봉을 물에 씻어 물기를 제거하고 다진 마늘 1티스푼, 소금 1/2티스푼, 생강가루 1/2티스푼, 후춧가루 조금 넣고 버무려 1시간 동안 숙성해주세요.

비닐에 양념한 닭봉과 전분가루 1.5큰술을 넣고 흔들어 닭봉에 전분가루를 묻혀주세요.

팬에 식용유 150㎖를 붓고 닭봉을 170도에 앞뒤로 4분씩 골고루 튀겨주세요.

율브로맘's Commemt

율브로 3세 때부터 치킨을 튀겨주기 시작했어요. 율브로는 물론 놀러 온 쌍둥이 동생들도 잘 먹고, 엄마 아빠의 맥주 안

주로도 아주 찰떡이에요. 튀기기 번거롭다면 전분가루를 생략하고 에어프라이어 180도에 20분 정도 구워주세요.

아이들에게 인기 만점!

등갈비찜

주재료	등갈비 1kg	· 3회 분량
부재료	감자 2개, 당근 1/2개(150g), 맛술 4큰술, 월계수잎 3장, 사과 2/3개, 양파 1/2개, 마늘 3개, 국간장 3큰술, 양조간장 2큰술, 설탕 1큰술, 꿀 1큰술, 참기름 1큰술, 생강가루 1/3큰술, 후춧가루 조금, 물 500㎖, 통깨 조금	

조리시간 1시간

① 등갈비 1kg은 1시간가량 찬물에 담가 핏물을 빼는데, 중간에 두 번 정도 물을 갈아주세요.

② 감자 2개, 당근 1/2개는 네모나게 썰어서 모서리를 둥글게 다듬어주세요.

③ 냄비에 등갈비 1kg을 담고 잠길 정도로 물을 부은 다음 맛술 2큰술, 월계수잎 3장을 넣어 초벌로 5분 정도 삶아주세요.

④ 초벌 삶은 등갈비는 찬물에 깨끗이 씻어주세요.

⑤ 사과 2/3개, 양파 1/2개, 마늘 3개는 믹서에 갈고 국간장 3큰술, 양조간장 2큰술, 설탕 1큰술, 꿀 1큰술, 참기름 1큰술, 맛술 2큰술, 생강가루 1/3큰술, 후춧가루 조금, 물 500㎖를 섞어 양념장을 만들어주세요.

⑥ 냄비에 등갈비와 썰어둔 감자, 당근을 넣고 양념장을 부어 센 불에 20분, 중불에 30분 삶아주세요.

⑦ 통깨를 조금 뿌려주세요.

율브로맘's Commemt

율브로 최애 반찬이고 손잡이 갈비라고 불리는 등갈비찜, 매일 해달라고 했던 메뉴예요. 푹 익은 감자와 당근도 밥에 쓱쓱 비벼 먹고요. 18개월 때는 사과, 배, 간장, 참기름만 넣어서 만들어주었어요. 꿀 알레르기 있는 아이들은 양념에 꿀을 빼고, 사과나 배가 없으면 사과즙이나 배즙을 넣어주세요.

달콤 짭짤한

대패삼겹살
파채볶음

조리시간 15분

주재료	대패삼겹살 400g, 파채 70g
부재료	간장 3큰술, 맛술 1큰술, 물 100㎖, 식초 1큰술, 설탕 1/2큰술, 들기름 1큰술, 다진 마늘 1/3큰술, 후춧가루 조금, 통깨 조금

· 3회 분량

주찬

① 간장 2큰술, 맛술 1큰술, 물 100㎖, 후춧가루 조금 섞어서 양념장을 만들어 주세요.

② 팬에 대패삼겹살 400g과 양념장을 붓고 3분간 익혀주세요.

③ 파채 70g에 간장 1큰술, 식초 1큰술, 설탕 1/2큰술, 들기름 1큰술, 다진 마늘 1/3큰술을 넣고 버무려주세요.

④ 파채와 익힌 대패삼겹살을 섞어 3분간 볶아주세요.

⑤ 통깨를 조금 뿌려주세요.

율브로맘's Commemt

대패삼겹살은 구워주면 질겨서 잘 못 먹길래 자주 가는 식당에서 팁을 얻어 24개월 때 만들어본 메뉴예요. 막내 아이는 파를 조금 골라냈지만 셋 다 고기는 잘 먹어요. 고춧가루만 추가하면 어른들도 맛있게 먹을 수 있어요.

율브로맘's Recipe

냄새 없이 부드럽게 씹히는

무수분수육

조리시간
1시간

주재료 · 수육용 돼지고기 1kg

· 5회 분량

부재료 · 양파 2개(350g), 사과 2개(400g), 대파 2대(120g), 된장 1큰술, 맛술 2큰술, 다진 마늘 1큰술

주찬

① 양파 2개는 1cm 두께로 채 썰고, 사과 2개는 8등분하고, 대파 2대는 5cm 길이로 썰어주세요.

② 돼지고기 1kg은 듬성듬성 칼집을 내고, 된장 1큰술, 맛술 2큰술, 다진 마늘 1큰술을 버무려 밑간을 해주세요.

③ 냄비에 양파, 사과, 대파, 돼지고기를 순서대로 담고, 양파, 사과, 대파를 순서대로 한 번 더 올려서 뚜껑을 닫아주세요.

④ 중불에서 30분, 뒤집어서 20분 삶아주세요.

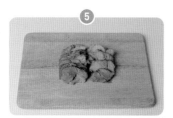

⑤ 먹기 좋게 썰어 쌈장이나 새우젓을 곁들여 드세요.

율브로맘's Commemt

고기가 질기지 않고 부드러워 개월 수가 적은 아이들도 잘 먹을 거예요. 적당히 간이 배어 있어 아이들은 양념에 찍지 않고 그냥 먹어도 괜찮아요. 밥반찬으로도 좋고 식사 대용으로도 그만이에요.

아삭하고 고소한 맛의

대패삼겹살
콩나물볶음

조리시간 **25분**	**주재료** · 대패삼겹살 300g, 콩나물 100g · 5회 분량 **부재료** · 양파 120g, 파 50g, 간장 1.5큰술, 설탕 1큰술, 맛술 1큰술, 참기름 1큰술, 다진 마늘 1/2큰술, 후춧가루 조금, 통깨 조금

① 콩나물 100g은 깨끗이 씻고, 양파 120g은 채 썰기, 파 50g은 어슷썰기를 해주세요.

② 간장 1.5큰술, 설탕 1큰술, 맛술 1큰술, 참기름 1큰술, 다진 마늘 1/2큰술, 후춧가루 조금 섞어 양념장을 만들어주세요.

③ 팬에 콩나물, 채 썬 양파, 대패삼겹살, 어슷 썬 파를 순서대로 올리고 양념장을 부어주세요.

④ 뚜껑을 닫고 중불에 5분간 끓여주세요.

⑤ 뚜껑을 열고 중강불에 뒤적여가며 10분간 볶아주세요.

⑥ 통깨를 조금 뿌려주세요.

 율브로맘's Commemt

그냥 구운 대패삼겹살은 질겨서 잘 안 먹었는데 이 레시피대로 해주면 부드러워서 잘 먹더라고요. 콩나물을 좋아하는 율브로에겐 안성맞춤이고, 개인적으로 제가 좋아하는 메뉴예요. 고춧가루만 넣으면 엄마 아빠도 맛있게 먹을 수 있어요. 개월 수가 적은 아이들은 고기와 콩나물을 잘게 썰어 밥에 비벼주거나 주먹밥으로 만들어줘도 좋아요.

고기를 좋아하는 아이들을 위한

등갈비구이

	주재료 · 등갈비 1대(580g)	· 3회 분량

조리시간 50분

주재료 · 등갈비 1대(580g) · 3회 분량

부재료 · 맛술 2큰술, 간장 2큰술, 설탕 1/2큰술, 꿀 1큰술, 다진 마늘 1/2큰술

등갈비 1대는 찬물에 담가 1시간가량 핏물을 빼주세요.

등갈비에 칼집을 내고 끓는 물에 맛술 2큰술을 넣고 10분간 삶아주세요.

초벌로 삶은 등갈비를 찬물에 씻어주세요.

간장 2큰술, 설탕 1/2큰술, 꿀 1큰술, 다진 마늘 1/2큰술을 섞어서 양념장을 만들어주세요.

에어프라이어 바스켓에 종이호일을 깔고 등갈비를 넣어주세요.

등갈비에 양념장을 골고루 바르고 180도에 10분간 구워주세요.

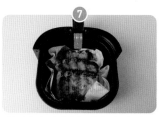

뒤집어서 양념장을 다시 한 번 바르고 180도에 10분간 구워주세요.

율브로맘's Commemt

단짠 등갈비구이, 셋이서 한 대는 뚝딱 먹어치워요. 15개월 때는 푹 삶아 살코기만 발라주었고, 그다음엔 삶은 등갈비에 소금 간을 살짝 해서 에어프라이어에 구워주었어요. 하나씩 손에 쥐어주면 장난감처럼 들고 다니며 조금씩 뜯어 먹는 재미가 있어요. 꿀 알레르기가 있는 아이들은 꿀을 생략하고 개월 수에 맞게 간을 조절해주세요.

간단하지만 맛있는

통삼겹살구이

주재료 · 통삼겹살 500g   · 5회 분량

부재료 · 양파 1개, 파 2대, 월계수잎 3장, 소금 조금, 후춧가루 조금, 생강가루 조금

조리시간 50분

① 통삼겹살 500g에 소금, 후춧가루, 생강 가루를 조금씩 뿌려 밑간을 해주세요.

② 양파 1개는 굵게 링 모양으로 썰고, 파 2대는 길게 듬성듬성 잘라주세요.

③ 에어프라이어 바스켓에 종이호일을 깔고 양파와 파 절반, 통삼겹살을 차 례로 올려주세요.

④ 통삼겹살 위에 월계수잎 3장과 파 나 머지 절반을 올려주세요.

⑤ 통삼겹살을 돌려가며(4면) 190도에 10분씩 구워주세요.

율브로맘's Commemt

팬에 굽는 것과는 달리 속이 촉촉하고 부드러워 아이들은 물론 어른들도 너무 잘 먹어요. 별다른 준비 없이 에어프라이 어에 돌리기만 하면 돼서 아주 쉽고 간단하면서 든든한 주말 특식 메뉴로 딱이에요.

조리시간 20분

| 주재료 | 소고기(불고기용) 300g | · 5회 분량 |

부재료 · 배 1/2개(220g), 양파 1/4개(60g), 표고버섯 2개(40g), 당근 60g, 대파 1대(60g), 간장 4큰술, 맛술 1큰술, 설탕 1큰술, 참기름 1큰술, 다진 마늘 1/2큰술, 통깨 조금, 후춧가루 조금

① 소고기 300g은 키친타월로 꾹꾹 눌러 핏물을 빼주세요.

② 양파 1/4개, 표고버섯 2개, 당근 60g은 채 썰고, 대파 1대는 어슷썰기를 해주세요.

③ 배 1/2개는 믹서에 갈아주세요.

④ 핏물을 뺀 소고기에 간 배, 간장 4큰술, 맛술 1큰술, 설탕 1큰술, 참기름 1큰술, 다진 마늘 1/2큰술, 후춧가루 조금 섞어 양념장을 만들어주세요.

⑤ 소고기에 채 썬 양파, 표고버섯, 당근, 어슷 썬 대파, 양념장을 넣고 골고루 버무려주세요

⑥ 양념에 재운 소고기를 6시간 정도 냉장고에 숙성한 후 센 불에 2분, 중불에 2~3분 볶아서 통깨를 조금 뿌려주세요

율브로맘's Commemt

아이들이 안 좋아할 수 없는 메뉴예요. 양념장을 많이 만들어두고 소분해서 냉장고나 냉동실에 보관해두면 쉽게 뚝딱 만들 수 있어요. 유아식 시작부터 먹일 때는 간장과 설탕의 양을 적게 조절하고 키위를 갈아 넣으면 고기가 좀 더 부드러워요. 청양고추를 넣으면 느끼하지 않고 부모님들도 맛있게 많이 먹을 수 있어요.

한입에 쏙!

동그랑땡

조리시간
1시간

주재료	· 다짐육(소고기 150g, 돼지고기 150g), 두부 1/2모(150g)	· 5회 분량

부재료 · 표고버섯 2개(65g), 양파 1/2개(120g), 당근 60g, 부추 40g, 파 40g, 간장 1큰술, 맛술 1큰술, 밀가루 1+1/2컵(종이컵), 달걀 3개, 다진 마늘 2/3큰술, 소금 1/2티스푼, 후춧가루 조금, 식용유 적당량

다진 돼지고기 150g과 소고기 150g 에 간장 1/2큰술, 맛술 1큰술, 소금 조 금, 후춧가루 조금 넣어 밑간을 하고 냉장고에 30분간 숙성해주세요.

표고버섯 2개, 양파 1/2개, 당근 60g, 부추 40g 파 40g은 잘게 다져주세요.

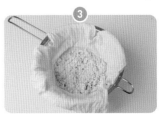

두부 1/2모는 면보에 싸서 물기를 꽉 짜주세요.

볼에 숙성한 고기, 채소, 두부, 간장 1/2큰술, 밀가루 1큰술, 달걀 1개, 다진 마늘 2/3큰술, 소금 1/2티스푼, 후춧가 루 조금 넣고 잘 치대주세요.

반죽을 적당량 덜어 동그란 모양을 만 들어주세요.

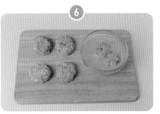

반죽에 밀가루를 묻히고 달걀 2개를 풀 어 달걀물을 입혀주세요.

팬에 식용유를 두르고 앞뒤로 골고루 구워주세요

율브로맘's Commemt

15개월부터 후춧가루를 빼고 만들어주기 시작했고 굽기가 무섭게 율브로가 달려들어 먹는 메뉴예요 맛이 슴슴해 간식 으로도 좋고, 아빠 엄마의 막걸리 안주로도 최고예요. 5번 과정을 마치고 소분해 냉동실에 두고 필요할 때 요긴하게 쓸 수 있어요. 고추전, 표고버섯전, 깻잎전, 맛살전 등 여러 가지 전의 속재료로 활용도가 많아요.

어디에나 잘 어울리는

다짐소고기
볶음

조리시간 15분

주재료	소고기 다짐육 200g

· 3회 분량

부재료 · 간장 1.5큰술, 맛술 1큰술, 설탕 1/3큰술, 다진 마늘 1큰술, 다진 파 2큰술, 후춧가루 조금, 생강가루 조금, 참기름 1/2큰술

① 소고기 다짐육 200g은 키친타월로 꾹꾹 눌러 핏물을 빼주세요.

② 소고기에 간장 1.5큰술, 맛술 1큰술, 설탕 1/3큰술, 다진 마늘 1큰술, 다진 파 2큰술, 후춧가루, 생강가루 조금 넣고 버무려주세요.

③ 팬에 양념한 소고기를 수분을 날려가며 5분간 볶아주세요.

④ 불을 끄고 참기름 1/2큰술을 둘러서 골고루 뒤적여주세요.

율브로맘's Commemt

15개월부터 잊을 만하면 만들어 냉동실에 보관해두는 메뉴예요. 활용도가 많은 만능 요리템으로 한번 만들어두면 어울리는 요리들이 얼마나 많은지 몰라요. 간단하게 밥에 넣어 주먹밥으로도 좋고, 비빔밥, 볶음밥, 김밥에 넣어도 되고, 떡국이나 콩나물밥에 고명으로 올려도 너무 좋아요. 유아식 시작부터 먹일 때는 후춧가루와 생강가루는 빼도 됩니다.

조리시간 20분

주재료 · 오징어 2마리 · 4회 분량

부재료 · 양파 1/2개(120g), 양배추 100g, 당근 50g, 파 60g, 간장 4큰술, 맛술 2큰술, 다진 마늘 1/3큰술, 설탕 1큰술, 식용유 2큰술, 통깨 조금

① 오징어 2마리는 내장을 제거하고 껍질을 벗겨 깨끗이 씻은 다음 1cm 두께로 썰어주세요.

② 양파 1/2개, 양배추 100g은 1cm 두께로 채 썰고, 당근 50g은 반달썰기, 파 60g은 어슷썰기를 해주세요.

③ 팬에 식용유 2큰술을 두르고 채 썬 양파, 어슷 썬 파를 센 불에 2분간 볶아주세요.

④ 양배추, 당근, 오징어를 넣고 1분간 더 볶아주세요.

⑤ 간장 4큰술, 맛술 2큰술, 다진 마늘 1/3큰술, 설탕 1큰술을 넣고 센 불에 5분간 볶아주세요.

⑥ 불을 끄고 참기름 1큰술을 넣어 골고루 섞은 다음 통깨를 조금 뿌려주세요.

율브로맘's Commemt

15개월부터 오징어는 매번 국으로만 부드럽게 끓여주다가 36개월이 되어서는 볶아주었어요. 처음에는 질길 수 있으니 조금 더 잘게 썰어서 밥 위에 올려주거나 비벼주었어요. 고춧가루, 고추장, 청양고추를 넣으면 매콤하고 맛있는 어른 반찬이 돼요.

율브로맘's Recipe

고단백 생선 반찬

고등어조림

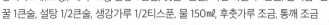

조리시간 25분

| 주재료 | · 고등어 1마리(4토막, 300g), 무 150g | · 3회 분량 |

부재료 · 양파 1/2개(80g), 대파 40g, 간장 3큰술, 맛술 1큰술, 다진 마늘 1/2큰술, 참기름 1큰술, 꿀 1큰술, 설탕 1/2큰술, 생강가루 1/2티스푼, 물 150㎖, 후춧가루 조금, 통깨 조금

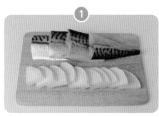

① 고등어 1마리는 깨끗이 씻어서 4토막을 내고, 무 150g은 1cm 두께로 썰어서 4등분해주세요.

② 양파 1/2개는 채 썰고, 대파 40g은 길게 썰어서 세로로 반을 잘라주세요.

③ 간장 3큰술, 맛술 1큰술, 다진 마늘 1/2큰술, 참기름 1큰술, 꿀 1큰술, 설탕 1/2큰술, 생강가루 1/2티스푼, 물 150㎖, 후춧가루 조금 섞어서 양념장을 만들어주세요.

④ 냄비에 무를 깔고 고등어 4토막을 올리고 양념장을 고루 부어주세요.

⑤ 센 불에 5분, 중불에 10분을 끓이는데, 중간중간 양념이 잘 배도록 뒤적여주세요

⑥ 채 썬 양파와 파를 올리고 10분간 조려주세요.

⑦ 통깨를 조금 뿌려주세요.

율브로맘's Commemt

생선을 매번 구워만 주다가 20개월 때 조림으로 해줬는데 너무 잘 먹었어요. 고춧가루와 청양고추를 넣으면 어른 반찬이 됩니다.

올브로맘's Recipe

아이들을 위한 특별 영양식

전복버터구이

조리시간 20분	주재료 · 전복 3개	· 1회 분량
	부재료 · 버터 15g, 다진 마늘 1/3큰술, 소금 조금, 후춧가루 조금	

전복 3개는 솔로 박박 닦아서 씻은 후 숟가락으로 속살을 빼내세요.

전복 내장을 떼어내고 이빨을 제거해 주세요.

전복살은 사선으로 칼집을 내주세요.

팬에 버터 10g을 녹이고 다진 마늘 1/3큰술을 살짝 볶아주세요.

전복을 넣고 구워주세요.

버터 5g을 더 녹이고 소금과 후춧가루를 조금 뿌려 간을 해주세요.

전복을 4~5분간 앞뒤로 골고루 구워 주세요.

 율브로맘's Commemt

전복의 쫄깃한 식감 때문에 삼계탕이나 미역국에 넣거나 전복죽 또는 전복밥을 만들어 먹었어요. 31개월 때 처음 전복을 통째로 구워주었는데 생각보다 너무 잘 먹더라고요. 조리법도 쉽고 간단해서 아이들 보양식으로 자주 해줘요. 전복을 끓는 물에 살짝 담갔다 꺼내면 전복살과 껍질이 잘 분리됩니다.

올브로맘's Recipe

겉은 바삭 속은 촉촉

생선가스

조리시간 **15분**	주재료 · 동태포 400g 　　　　　　　　　　　　　　　　　　　· 3회 분량
	부재료 · 밀가루 60g, 달걀 2개, 빵가루 120g, 식용유 200㎖, 소금 조금, 후춧가루 조금

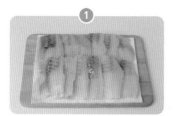

① 동태포를 키친타월에 올려 물기를 제거해주세요.

② 동태포에 소금과 후춧가루를 조금 뿌려서 밑간을 하고 10분간 재워두세요.

③ 밀가루, 달걀, 빵가루 순으로 동태포에 튀김옷을 입혀주세요.

④ 팬에 식용유 200㎖를 붓고 170도에서 앞뒤로 5분간 튀겨주세요.
크기와 두께에 따라 튀기는 시간을 조절하세요.

 율브로맘's Commemt

튀김은 역시 실패가 없어요. 소스 없이도 너무 잘 먹어요. 동태포 외에 모든 순살생선으로 쉽게 만들 수 있어요. 유아식

시작 때는 후춧가루를 생략해주세요. 3번 과정을 마치고 소분해 냉동실에 두고 필요할 때 해동해 튀겨 먹으면 좋아요.

새우버터구이

조리시간 15분

주재료 · 칵테일 새우 270g

· 2회 분량

부재료 · 버터 10g, 다진 마늘 1/3큰술, 후춧가루 조금, 소금 2꼬집, 파슬리 조금

① 칵테일 새우 270g은 소금 2꼬집, 후춧가루 조금 넣고 밑간을 해주세요.

② 예열된 팬에 버터 10g을 녹이고 다진 마늘 1/3큰술을 1분간 볶아주세요.

③ 밑간한 새우를 10분간 볶아주세요.

④ 파슬리를 조금 뿌려주세요.

 율브로맘's Commemt

버터는 19개월부터 새우와 조개를 볶을 때 조금씩 사용하기 시작했어요. 후춧가루는 4세 때부터 생선이나 고기 요리에 조금씩 사용했고요. 파스타 면을 삶아 올리브오일과 면수를 추가해 같이 볶아줘도 너무 잘 먹어요. 청양고추를 넣으면 엄마 아빠의 훌륭한 술안주가 됩니다.

율브로맘's Recipe

국물까지 맛있는

버터바지락찜

조리시간 10분

주재료 · 바지락 800g	· 3회 분량
부재료 · 버터 10g, 다진 마늘 1/2큰술, 청주 2큰술, 파 15g, 물 500㎖	

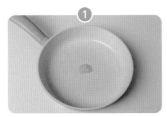

① 냄비에 버터 10g을 녹이고 다진 마늘 1/2큰술을 노릇해질 정도로 1분간 볶아주세요.

② 해감한 바지락 800g에 청주 2큰술을 넣고 센 불에 3분간 볶아주세요.

③ 물 500㎖를 넣고 5분간 센 불에 끓여주세요.

④ 송송 썬 파 15g을 넣어주세요.

율브로맘's Commemt

율브로는 18개월부터 조갯살을 스스로 떼어 먹는 걸 좋아했어요. 바지락 껍데기로 국물을 떠 먹으며 웃고 즐거워했죠. 마지막에 파스타면을 삶아 넣어줬더니 그것도 뚝딱. 맑은 국물을 원하면 편마늘을 넣어주세요. 청양고추를 넣으면 엄마 아빠 술안주로도 너무 좋아요.

자극적이지 않고 촉촉한

고기만두

조리시간 1시간

주재료 · 돼지고기 다짐육 300g, 두부 1모(290g), 숙주 240g, 당면 50g, 부추 100g, 당근 100g, 양파 1개(180g), 만두피 300g · 5회 분량

부재료 · 달걀 2개, 간장 3큰술, 소금 2티스푼, 맛술 1큰술, 생강가루 1티스푼, 후춧가루 조금, 설탕 1티스푼, 참기름 1티스푼, 다진 마늘 1큰술

① 돼지고기 다짐육 300g은 간장 1큰술, 맛술 1큰술, 생강가루 1티스푼, 후춧가루 조금 넣어 밑간을 해주세요.

② 두부 1모는 끓는 물에 1분간 데쳐 면보에 싸서 물기를 짜고 소금 1/2티스푼을 섞어 밑간을 해주세요.

③ 끓는 물에 소금 1/2티스푼을 넣고 숙주 240g을 2분간 데쳐 물기를 꽉 짜고 다져주세요.

④ 당면 50g은 물에 30분간 불렸다가 끓는 물에 10분간 삶아 물기를 빼고 다져주세요.

⑤ 부추 100g은 송송 썰고, 당근 100g, 양파 1개는 다져주세요.

⑥ 볼에 모든 재료를 넣고 달걀 2개, 간장 2큰술, 소금 1티스푼, 설탕 1티스푼, 참기름 1큰술, 다진 마늘 1큰술을 넣고 골고루 치대 만두소를 만들어주세요.

⑦ 만두피 가장자리에 물을 조금 바르고 만두소를 넉넉히 넣어 빚어주세요.

⑧ 찜기에 면보를 깔고 만두를 올려 15분간 쪄주세요.

율브로맘's Commemt

은근히 손이 많이 가는 메뉴라 선뜻 만들 생각을 하지 못하고 아이 전용 만두를 사 먹이다 40개월부터 만들어주었어요.

시판용보다 슴슴해 아이들이 먹기 부담 없고, 엄마 아빠는 간장양념을 찍어 먹으면 됩니다. 한꺼번에 많이 만들어 냉동실에 보관해두면 아주 든든합니다.

아이들이 자꾸 더 달라고 하는

베이컨
팽이버섯말이

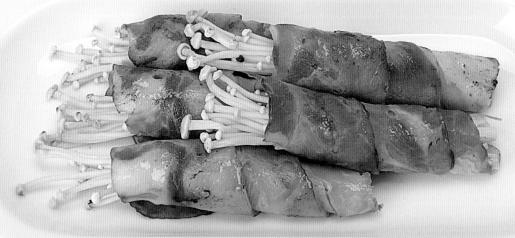

조리시간 15분	주재료 · 팽이버섯 90g, 베이컨 90g	· 2회 분량
	부재료 · 식용유 2큰술, 후춧가루 조금	

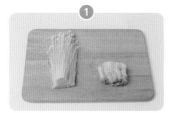

팽이버섯 90g은 밑동을 잘라내고 흐르는 물에 헹궈주세요.

팽이버섯의 물기를 빼고 가지런히 펼쳐 후춧가루를 조금 뿌려주세요.

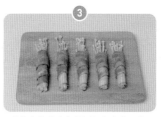

베이컨에 팽이버섯을 올려 말아주세요

팬에 식용유 2큰술을 두르고 베이컨 끝부분이 팬에 닿도록 올려서 먼저 구운 다음 돌려가면서 골고루 구워주세요

율브로맘's Commemt

베이컨은 22개월쯤 여러 반찬들과 볶아서 처음 먹였어요. 시금치나 오이랑 같이 볶거나 두부를 말아 구워주면 따로 간을 하지 않아도 잘 먹어요. 팽이버섯이 질겨 목에 걸릴 수도 있으니 먹기 좋은 크기로 잘라주세요. 엄마 아빠 술안주, 특히 와인에 너무 좋아요.

달콤하고 바삭바삭한

가지탕수육

조리시간 20분

주재료 · 가지 2개(260g)

· 3회 분량

부재료 · 양파 20g, 당근 15g, 빨간 파프리카 15g, 튀김가루 2큰술+2/3컵(종이컵),
물 1.5컵(종이컵), 식용유 100㎖, 전분가루 1/2큰술, 간장 1큰술, 올리고당 1큰술, 꿀 1큰술

① 가지 2개는 깨끗이 씻어 삼각 모양으로 썰고, 양파 20g 당근 15g, 빨간 파프리카 15g은 다져주세요.

② 비닐봉지에 가지와 튀김가루 2큰술을 넣고 흔들어 가지에 튀김가루를 묻혀주세요.

③ 튀김가루 2/3컵을 물과 1:1로 섞어 반죽을 만들어주세요.

④ 팬에 식용유 100㎖를 붓고 170도에서 반죽을 입힌 가지를 노릇노릇 튀겨주세요.

⑤ 물 1/2컵에 전분가루 1/2큰술을 섞어 전분물을 만들어주세요.

⑥ 팬에 간장 1큰술, 올리고당 1큰술, 꿀 1큰술, 물 1/3컵을 넣고 3분간 끓여주세요.

⑦ 전분물 3큰술을 넣어주세요.

⑧ 다진 양파, 당근, 빨간 파프리카를 넣고 1분간 더 끓여 소스를 만들어주세요.

율브로맘's Commemt

가지를 잘 먹지 않던 율브로에게 가지를 먹이려고 24개월 때 만든 메뉴예요. 처음에는 고구마 튀김이냐며 얼마나 잘 먹었는지 몰라요. 튀김에 새콤달콤한 소스까지 더해지니 맛이 없을 수 없어요. 아이들이 가지를 먹는 것에 기쁘다는 리뷰가 많았던 메뉴예요. 가지는 기름을 많이 먹으니 적정한 온도에서 센 불로 빠르게 튀겨주세요.

달콤하고 부드러운

단호박카레

조리시간 35분	주재료 · 단호박 1/3개(300g), 카레 가루 100g · 5회 분량
	부재료 · 양파 1개(240g), 당근 100g, 브로콜리 100g, 애호박 100g, 우유 200㎖, 식용유 1큰술, 버터 10g, 물 700㎖

① 양파 1개는 채 썰기, 단호박 1/3개, 당근 100g, 브로콜리 100g, 애호박 100g은 깍둑썰기를 해주세요.

② 냄비에 식용유 1큰술을 두르고 버터 10g을 녹여 채 썬 양파를 15분간 볶아주세요.

③ 깍둑썰기한 단호박, 애호박, 당근, 브로콜리를 넣고 5분간 볶아주세요.

④ 물 700㎖를 붓고 5분간 끓여주세요.

⑤ 카레 가루 100g을 풀고, 우유 200㎖를 부어 5분간 끓여주세요.

율브로맘's Commemt

카레는 아이들 모두 좋아해요. 순한 맛 카레도 맵다고 하는 아이들은 달달한 단호박과 부드러운 우유가 들어간 이 카레는 잘 먹을 거예요. 유아식 시작부터 먹일 때는 다 끓인 후 마지막에 믹서로 갈아서 카레 수프처럼 만들어보세요. 우동면을 삶아서 비벼 먹어도 아주 맛있어요.

라구소스

조리시간 50분

주재료 · 소고기 다짐육 200g, 시판용 토마토소스 1병(430g)

· 5회 분량

부재료 · 맛술 1큰술, 후춧가루 조금, 양파 1개(200g), 당근 80g, 올리브유 1큰술, 버터 10g, 다진 마늘 1큰술, 레드와인 2큰술, 바질 가루 1큰술

① 소고기 다짐육 200g에 맛술 1큰술, 후춧가루를 조금 넣고 버무려서 밑간을 해주세요.

② 기름 없이 마른 팬에 소고기를 수분을 날리며 5분간 볶아주세요.

③ 양파 1개, 당근 80g은 다져주세요.

④ 팬에 올리브유 1큰술을 두르고 버터 10g을 녹여서 다진 양파와 당근을 5분간 볶아주세요.

⑤ 볶은 소고기, 다진 마늘 1큰술, 레드와인 2큰술을 넣고 3분간 볶아주세요.

⑥ 토마토소스 430g 바질 가루 1큰술을 넣고 중불에 15분간 끓여가며 졸여주세요.

 율브로맘's Commemt

3세 때 크림 파스타를 해주었는데 셋 다 잘 안 먹었어요. 그런데 피자와 세트로 배달되어 온 라구소스 파스타를 맛보고는 셋 다 더 먹으려고 할 정도여서 만들기 시작했어요. 한꺼번에 많이 만들어서 소분해 얼려두면 너무 편해요. 밥에 슥슥 비벼줘도 잘 먹고요. 토르티야 위에 라구소스만 바르고 피자 치즈를 듬뿍 올려 에어프라이어에 구워주면 그날은 '엄마 최고'라는 말을 듣게 될 거예요.

여러 가지 쌈채소와 잘 어울리는

소고기강된장

조리시간 25분

| 주재료 | 소고기 다짐육 150g, 된장 2큰술 | 5회 분량 |

부재료 · 표고버섯 2개, 양파 1/2개(120g), 당근 60g, 애호박 60g, 파 1대(60g), 다진 마늘 1큰술, 들기름 3큰술, 물 100㎖, 들깻가루 1큰술, 꿀 1큰술

① 소고기 다짐육 150g은 키친타월로 꾹꾹 눌러가며 핏물을 빼주세요.

② 표고버섯 2개, 양파 1/2개, 당근 60g 애호박 60g, 파 1대는 잘게 다져주세요.

③ 냄비에 들기름 3큰술을 두르고 소고기 다짐육, 다진 양파, 다진 마늘 1큰술을 3분간 볶아주세요.

④ 다진 표고버섯, 당근, 애호박을 넣고 5분간 더 볶아주세요.

⑤ 된장 2큰술을 넣고 2분간 볶다가 물 100㎖를 붓고 5분간 저어가며 끓여주세요.

⑥ 다진 파, 들깻가루 1큰술, 꿀 1큰술을 넣고 3분간 더 끓여주세요.

율브로맘's Commemt

40개월 때 처음 만들어줬는데 반응이 좋아 지금도 종종 만들고 있어요. 양배추를 쪄서 쌈을 싸주면 하나만으로도 밥 한 공기를 뚝딱하는 메뉴예요. 된장 양으로 간을 조절하고, 취향껏 채소를 더 많이 넣어도 좋아요.

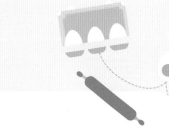

Part. 4 국·찌개

유아식 초기부터 먹일 수 있는 미역국, 소고기뭇국부터

영양 만점 들깨삼계탕.

4~5세경에 시도해볼 만한 부대찌개, 바지락탕 등

유아식 전반에 걸쳐 먹을 수 있는

다양한 국·찌개 메뉴를 실었습니다.

조리시간 20분

주재료 · 콩나물 200g

· 3회 분량

부재료 · 국물용 멸치 15마리, 물 1.3ℓ, 다시마 1장(4×4cm), 국간장 1큰술, 다진 마늘 1/3큰술, 새우젓 2/3큰술, 파 40g

① 국물용 멸치 15마리는 대가리와 내장을 제거하고, 파는 송송 썰어주세요.

② 물 1.3ℓ에 다시마 1장, 손질한 멸치를 넣고 중불에 10분간 끓여주세요.

③ 다시마와 멸치를 건져냅니다.

④ 콩나물 200g, 국간장 1큰술, 다진 마늘 1/3큰술, 새우젓 2/3큰술을 넣고 뚜껑을 연 상태에서 7분간 끓여주세요.

⑤ 송송 썬 파 40g을 넣고 1분간 더 끓여주세요. 부족한 간은 소금으로 맞춰주세요.

 율브로맘's Commemt

유아식 시작부터 콩나물은 나물이나 국이나 너무 잘 먹어요. 콩나물이 목에 걸릴 수도 있으니 한두 번 잘라서 주고, 멸치향을 싫어하면 조금 빼고 육수를 만들어주세요. 유아식 시작 시기에는 새우젓을 빼고 소금으로만 간을 해주면 좋아요. 고춧가루와 청양고추를 넣으면 어른들이 먹는 콩나물국이 됩니다.

부드럽고 담백한

순두부달걀국

조리시간 25분

주재료	순두부 1팩(350g), 달걀 3개	· 3회 분량

부재료 · 국물용 멸치 7마리, 다시마 1장(4×4cm), 양파 50g, 당근 30g, 파 30g, 물 600㎖, 국간장 1큰술, 맛술 1큰술, 다진 마늘 1/3큰술, 새우젓 1티스푼

① 국물용 멸치 7마리는 대가리와 내장을 떼어내고, 양파 50g, 당근 30g은 다지고, 파 30g은 송송 썰어주세요.

② 물 600㎖에 손질한 멸치, 다시마 1장을 넣고 15분간 끓인 후 건져내세요.

③ 육수에 다진 양파, 당근, 국간장 1큰술, 맛술 1큰술, 다진 마늘 1/3큰술을 넣고 5분간 끓여주세요.

④ 달걀 3개를 풀어 순두부 1팩과 함께 넣고 살살 저어주세요.

⑤ 보글보글 끓어오르면 송송 썬 파, 새우젓 1티스푼을 넣고 5분간 더 끓여주세요.

율브로맘's Commemt

부드러운 순두부달걀국은 아침에 먹기 좋은 국이에요. 밥에 쓱쓱 비벼주면 한 그릇 뚝딱! 간이 좀 세다 느끼시면 새우젓의 양을 조절해주세요. 개월 수가 적은 아이들은 새우젓 대신 소금으로 간을 해주세요.

율브로맘's Recipe

국물이 진한

소고기미역국

조리시간
1시간

주재료 · 건미역 20g, 소고기 200g	· 5회 분량
부재료 · 쌀뜨물 1.5ℓ, 참기름 2큰술, 간장 1큰술, 다진 마늘 1/3큰술, 국간장 1큰술, 소금 1티스푼	

1

소고기 200g은 30분간 찬물에 담가 핏물을 빼주세요.

2

건미역 20g은 20분간 물에 불린 다음 흐르는 물에 여러 번 씻어 적당한 크기로 잘라주세요.

3

냄비에 참기름 2큰술을 두르고 소고기를 2분간 볶아주세요.

4

자른 미역과 간장 1큰술을 넣고 3분간 더 볶아주세요.

5

쌀뜨물 1.5ℓ를 부어주세요.

6

다진 마늘 1/3큰술, 국간장 1큰술을 넣고 30분간 더 끓여주세요.

7

소금 1티스푼을 넣고 10분간 더 끓여주세요.

율브로맘's Commemt

오래 끓일수록 더 진하고 맛있는 미역국. 율브로는 미역국의 미역을 너무나 좋아하고 밥을 말아서 잘 먹어요. 한 번에 많이 끓여 소분해 냉동 보관하는 유일한 국이에요. 쌀뜨물이 없으면 그냥 물을 넣어도 됩니다.

건강한 맛이 느껴지는

사골된장국

조리시간 20분

| 주재료 | 국거리 소고기 80g, 된장 2큰술 | 4회 분량 |

부재료 · 두부 1/2모, 감자 50g, 표고버섯 2개, 양파 50g, 애호박 50g, 대파 30g, 사골육수 500㎖, 물 500㎖, 참기름 1큰술, 다진 마늘 1/3큰술

두부 1/2모와 감자 50g은 깍둑썰기, 표고버섯 2개는 1cm 두께로 편 썰고, 양파 50g, 애호박 50g은 나박나박 썰고, 대파 30g은 어슷썰기를 해주세요.

냄비에 참기름 1큰술을 두르고 소고기 80g을 2분간 볶아주세요.

손질한 감자, 표고버섯, 양파, 애호박을 넣고 2분간 볶아주세요.

사골육수 500㎖, 물 500㎖를 넣고 다진 마늘 1/3큰술과 된장 2큰술을 풀어주세요.

중간중간 거품을 걷어내며 15분간 끓여주세요.

어슷 썬 대파, 두부를 넣고 한소끔 끓여주세요.

율브로맘's Commemt

20개월 율브로는 된장 양을 줄이고 소고기 다짐육을 사용했으며 채소들도 잘게 썰어주었어요. 사골육수가 없으면 멸치다시마 육수를 사용해도 좋아요. 사골육수가 부드럽고 진한 맛이라면 멸치다시마 육수는 시원하고 말끔한 맛이 납니다.

조리시간
20분

주재료 · 달걀 3개, 표고버섯 1개

부재료 · 물 600㎖, 다시마 1장(4×4cm), 국물용 멸치 5마리, 파 30g, 소금 1/4큰술, 후춧가루 조금

· 3회 분량

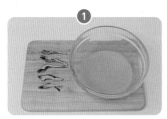

달걀 3개는 풀고, 국물용 멸치 5마리
는 대가리와 내장을 떼어내세요.

표고버섯 1개는 반으로 잘라 편 썰고,
파 30g은 송송 썰어주세요.

물 600㎖에 다시마 1장, 손질한 멸치
5마리를 넣고 중불에 10분간 끓여주
세요.

다시마와 멸치를 건져내고 편 썬 표
고버섯과 달걀물을 넣어주세요.

소금 1/4큰술을 넣어 간을 하고 3분
간 끓여주세요. 달걀은 살살 저어주
세요.

송송 썬 파, 후춧가루 조금 넣고 2분
간 더 끓여주세요.

율브로맘's Commemt

아침에 거부감 없이 먹기 좋을 것 같아 자주 끓여주는 국이에요. 표고버섯 향과 식감을 싫어하는 아이들은 팽이버섯으
로 대체해도 좋아요. 더 어린 아이들은 후춧가루를 빼면 좋을 것 같아요.

담백해서 자꾸 찾게 되는

청국장

조리시간 25분

주재료 · 청국장 3큰술

· 4회 분량

부재료 · 두부 100g, 김치 80g, 호박 60g, 양파 60g, 표고버섯 1개(30g), 송송 썬 파 30g, 물 1ℓ, 국물용 멸치 7마리, 다시마 2장(4×4cm), 다진 마늘 1/3큰술, 소금 1/2티스푼

국·찌개

①

물 1ℓ에 대가리와 내장을 떼어낸 멸치 7마리와 다시마 2장을 넣고 10분간 끓여주세요.

②

10분 뒤 멸치와 다시마를 건져냅니다.

③

김치 80g은 물에 양념을 헹군 다음 꽉 짜서 쫑쫑 썰고, 호박 60g, 양파 60g, 표고버섯 1개는 나박나박 썰어주세요.

④

육수에 손질한 김치, 호박, 양파, 표고버섯, 다진 마늘 1/3큰술을 넣고 5분간 끓여주세요.

⑤

청국장 3큰술을 넣고 저어가며 5분간 더 끓여주세요.

⑥

깍둑썰기를 한 두부 100g, 송송 썬 파 30g, 소금 1/2티스푼을 넣고 2분간 더 끓여주세요.

 율브로맘's Commemt

28개월 무렵 친정엄마가 간을 하지 않은 청국장을 만들어주셔서 처음으로 청국장을 끓여줬어요. 청국장은 소화도 잘되고 유산균이 많아 장이 튼튼해진다고 해요. 셋째 아이가 처음에 냄새가 이상하다며 거부했는데 몇 번 만들어주니 이젠 잘 먹어요. 첫째 아이는 큰 콩을 일부러 골라 먹을 정도로 좋아해요. 청국장 종류에 따라 염도가 다르니 청국장 양과 소금 양은 조절해주세요. 김치를 물에 헹구지 않고 고춧가루와 청양고추를 추가하면 엄마 아빠도 맛있게 먹을 수 있어요.

호박과 새우젓의 건강한 조합

호박새우젓국

조리시간 30분

| 주재료 | · 호박 2/3개(250g) | · 3회 분량 |

부재료 · 양파 1/2개(100g), 대파 1대(40g), 들기름 2큰술, 물 600㎖, 다진 마늘 1/3큰술,
새우젓 1/3큰술, 소금 조금

① 호박 2/3개와 양파 1/2개는 채 썰고, 대파 1대는 송송 썰어주세요.

② 냄비에 들기름 2큰술을 두르고 채 썬 호박, 양파를 5분간 볶아주세요.

③ 물 600㎖와 다진 마늘 1/3큰술, 새우젓 1/3큰술을 넣고 중불에 20분간 끓여주세요.

④ 송송 썬 파를 넣고 3분간 더 끓여주세요. 부족한 간은 소금으로 맞춰주세요.

 율브로맘's Commemt

제가 너무 좋아하는 국으로 율브로도 20개월부터 해주었는데 처음에는 새우젓 대신 새우 가루를 넣었어요. 새우 가루는 15개월부터 소량 사용했어요. 고춧가루와 새우젓, 청양고추를 조금 더 추가하면 엄마 아빠도 맛있게 먹을 수 있어요

어른 아이 모두 좋아하는

콩나물북엇국

조리시간 20분

주재료	콩나물 100g, 북어포 20g
부재료	무 120g, 파 30g, 들기름 2큰술, 북어포 불린 육수 600㎖, 물 200㎖, 국간장 1큰술, 다진 마늘 1/3큰술, 달걀 1개, 소금 1/4큰술

· 4회 분량

① 북어포 20g은 1시간 동안 물에 불려주세요.

② 무 120g은 나박나박 썰고, 파 30g은 송송 썰어주세요.

③ 불린 북어포는 물기를 꼭 짜서 2cm 길이로 잘라주세요. 북어포 불린 물은 버리지 말고 남겨두세요.

④ 냄비에 들기름 2큰술을 두르고 북어를 30초간 볶아주세요.

⑤ 나박나박 썬 무를 넣고 3분간 더 볶아주세요.

⑥ 북어포 불린 육수 600㎖와 물 200㎖를 붓고 끓여주세요.

⑦ 국물이 끓어오르면 콩나물 100g, 국간장 1큰술, 다진 마늘 1/3큰술을 넣고 10분간 끓여주세요.

⑧ 달걀 1개, 송송 썬 파, 소금 1/4큰술을 넣고 한소끔 끓여주세요.

율브로맘's Commemt

북엇국은 25개월 무렵 처음으로 끓여줬는데 북어를 씹다가 뱉더라고요. 그러다 30개월 때는 북어를 잘 삼키고 구운 북어를 간식처럼 잘 먹어요. 북어포는 질긴 식감 때문에 처음에는 잘 먹지 않을 수도 있어요. 전날 저녁 물에 담가 냉장고에 하루 정도 불려두면 아이들도 잘 먹을 만큼 부드러워져요. 북어포 불린 물은 육수로 사용하세요.

시원하고 달큰한

소고기뭇국

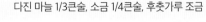

조리시간 50분

주재료 · 소고기 230g, 무 1/3개(300g) · 5회 분량

부재료 · 두부 1/2모(150g), 파 40g, 참기름 2큰술, 물 1.5ℓ, 다시마 2장(4×4cm), 국간장 2큰술, 다진 마늘 1/3큰술, 소금 1/4큰술, 후춧가루 조금

소고기 230g은 30분 동안 찬물에 담가 핏물을 빼주세요.

무 1/3개는 나박나박 썰고, 파 40g은 어슷썰기, 두부 1/2모는 깍둑썰기를 해주세요.

냄비에 참기름 2큰술을 두르고 핏물 뺀 소고기를 센 불에 2분간 볶아주세요.

나박나박 썬 무를 넣고 2분간 더 볶아주세요.

물 1.5ℓ, 다시마 2장을 넣고 끓여주세요. 다시마는 10분간 끓인 후 건져내고 중간중간 거품을 걷어내 주세요.

국물이 끓어오르면 국간장 2큰술, 다진 마늘 1/3큰술을 넣고 30분간 끓여주세요.

깍둑썰기한 두부, 어슷 썬 파, 소금 1/4큰술, 후춧가루 조금 넣고 10분간 끓여주세요.

율브로맘's Commemt

유아식을 시작하는 엄마들이 가장 먼저 떠올리는 국이 아닐까 싶어요. 둘째 지율이는 이가 늦게 나고 질긴 고기를 씹기 힘들어해서 한동안 소고기 다짐육으로 끓여주었어요. 후춧가루를 빼고 무도 푹 끓이고 다짐육을 사용한다면 유아식 시작 시기부터 먹여도 좋아요.

소고기떡국

조리시간
25분

주재료	· 소고기 100g, 떡국떡 200g	· 3회 분량

부재료 · 참기름 1큰술, 물 1ℓ, 국간장 1큰술, 다진 마늘 1/3큰술, 소금 1/4큰술, 달걀 1개, 파 40g, 김가루 조금

①

냄비에 참기름 1큰술을 두르고 한입 크기로 썬 소고기 100g을 2분간 볶아주세요.

②

물 1ℓ를 붓고 거품을 걷어내며 15분간 끓여주세요.

③

떡국떡 200g, 국간장 1큰술, 다진 마늘 1/3큰술을 넣고 5분간 끓여주세요.

④

소금 1/4큰술, 달걀 1개, 송송 썬 파를 넣고 3분간 끓여주세요.

⑤

그릇에 떡국을 담고 김가루를 조금 올려주세요.

율브로맘's Commemt

말랑한 떡이면 불리지 않고 사용하고 굳은 떡은 미리 물에 담가 불려주세요. 물 대신 사골육수를 사용해도 좋아요. 둘째 지율이는 질긴 고기를 씹기 힘들어해서 한동안 소고기 다짐육으로 끓여주었어요. 만두도 추가하여 떡만둣국으로 만들어도 좋아요.

쫄깃한 식감이 일품

오징어국

주재료 · 오징어 2마리(400g), 무 200g

· 5회 분량

부재료 · 파 40g, 물 1ℓ, 국간장 1.5큰술, 들기름 2큰술, 다진 마늘 1/3큰술, 소금 조금

①

오징어 2마리는 내장을 제거하고 껍질을 벗긴 다음 몸통은 1×3cm, 다리는 3cm 길이로 썰어주세요.

②

무는 2×2cm 크기로 나박나박 썰고 파 40g은 송송 썰어주세요.

③

냄비에 들기름 2큰술을 두르고 나박나박 썬 무를 3분간 볶아주세요.

④

물 1ℓ, 국간장 1.5큰술, 다진 마늘 1/3큰술을 넣고 10분간 끓여주세요.

⑤

오징어와 송송 썬 파를 넣고 5분간 끓여주세요. 소금으로 간을 하고 한소끔 더 끓여주세요.

 율브로맘's Commemt

해산물 덕후인 엄마를 닮아 해산물 종류는 뭐든 좋아하는 율브로. 오징어 먼저 쏙쏙 골라 먹고 무도 달달해서 밥을 말아 잘 먹어요. 20개월 때는 무와 오징어를 아주 잘게 잘라주었어요. 개월 수에 맞게 크기는 조절하고 오징어는 너무 오래 삶으면 질겨지니 시간을 지켜주세요. 고춧가루와 청양고추, 후춧가루를 넣으면 엄마 아빠도 맛있게 먹을 수 있어요.

BON APPETIT

조리시간
20분

주재료 · 시금치 70g, 된장 2큰술	· 4회 분량
부재료 · 표고버섯 2개, 감자 1/2개(50g), 호박 50g, 당근 40g, 양파 50g, 파 30g, 물 1ℓ, 국물용 멸치 7마리, 다시마 2장(4×4cm), 다진 마늘 1/3큰술	

①

표고버섯 2개는 1cm 두께로 편 썰고, 감자 1/2개, 호박 50g, 당근 40g은 깍둑썰기를 하고, 양파 50g은 나박나박, 파 30g은 송송 썰어주세요.

②

시금치 70g은 3등분으로 잘라주세요.

③

물 1ℓ에 대가리와 내장을 떼어낸 멸치 7마리, 다시마 2장, 편 썬 표고버섯을 넣고 10분간 끓여주세요.

④

표고버섯만 남겨두고 멸치와 다시마를 건져냅니다.

⑤

다진 마늘 1/3큰술과 된장 2큰술을 풀어주세요.

⑥

손질한 감자, 호박, 당근, 양파를 넣고 7분간 끓여주세요.

⑦

시금치와 송송 썬 파를 넣고 3분간 더 끓여주세요.

 율브로맘's Commemt

개월 수가 적은 아이들은 된장 양으로 간을 조절해주세요. 유아식 시작 시기에는 저염된장으로 대체해주어도 좋아요.

울브로맘's Recipe

시원하고 감칠맛 나는

김치콩나물국

조리시간
20분

| 주재료 | · 콩나물 200g, 신김치 100g | **4회 분량** |

부재료 · 다시마 2장(4×4cm), 물 1ℓ, 국물용 멸치 7마리, 건새우 10마리, 송송 썬 파 20g, 다진 마늘 1/3큰술, 새우젓 1/3큰술

① 신김치 100g은 물에 담가 짠기를 빼고, 1cm 두께로 채 썰어주세요.

② 물 1ℓ에 다시마 2장, 대가리와 내장을 떼어낸 멸치 7마리, 건새우 10마리를 넣고 10분간 끓여주세요.

③ 다시마를 먼저 건져내고 멸치와 새우는 5분간 더 끓인 다음 건져내세요.

④ 다진 마늘 1/3큰술, 콩나물 200g, 신김치 100g, 새우젓 1/3큰술을 넣고 10분간 끓여주세요.

⑤ 송송 썬 파 20g을 넣고 2분간 더 끓여주세요.

 율브로맘's Commemt

김치를 좋아하고 매운 음식을 제법 먹을 수 있어서 4세부터 콩나물국에 김치를 조금씩 넣기 시작했어요. 콩나물은 너무 오래 끓이면 질겨질 수 있으니 시간을 지켜주세요. 그리고 아이들이 목에 걸릴 수도 있으니 다 끓인 다음 콩나물은 한두 번 잘라주세요. 김치가 들어가 살짝 매콤한 맛이 있어요. 매운 것을 잘 못 먹는 아이들은 일반 콩나물국(188쪽)으로 끓여주세요.

추운 날 몸을 따뜻하게 녹여줄

어묵탕

조리시간 25분	**주재료** · 어묵 4장(200g)　　　　　　　　　　　　　　　　　· 3회 분량
	부재료 · 물 750㎖, 표고버섯 2개(40g), 파 50g, 무 180g, 다시마 1장(4×4cm), 국물용 멸치 10마리, 간장 1큰술, 다진 마늘 1/3티스푼, 소금 1/2티스푼, 후춧가루 조금

❶

어묵 4장은 2×5cm 크기로 네모나게 썰고, 표고버섯 2개는 1cm 두께로 편 썰고, 파 50g은 송송 썰어주세요.

❷

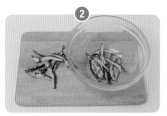

국물용 멸치 10마리는 대가리와 내장을 떼어내세요.

❸

어묵은 끓는 물에 30초간 데쳐주세요.

❹

물 750㎖에 편 썬 표고버섯, 무 180g, 다시마 1장, 손질한 멸치를 넣고 15분간 끓여주세요.

❺

육수에서 다시마와 멸치만 건져냅니다.

❻

데친 어묵을 넣고 간장 1큰술, 다진 마늘 1/3큰술, 소금 1/2티스푼, 후춧가루 조금 넣고 5분간 끓여주세요.

❼

송송 썬 파를 넣고 2분간 더 끓여주세요.

 율브로맘's Commemt

어묵은 대부분의 아이들이 좋아하는 재료죠? 아이들 먹을 만큼 덜어내고 청양고추와 고춧가루를 넣으면 엄마 아빠도

얼큰하고 맛있게 먹을 수 있어요. 무는 건져서 썰어 넣어도 되고 처음부터 나박나박 썰어서 끓여도 좋아요.

영양 가득 개운한 맛

만둣국

조리시간 20분

주재료 •	만두 10개, 가래떡 1줌(50g)

• 3회 분량

부재료 • 달걀 1개, 물 1ℓ, 국물용 멸치 7마리, 다시마 2장(4×4cm), 송송 썬 파 30g, 국간장 1큰술, 다진 마늘 1/3큰술, 소금 1/4큰술

① 물 1ℓ에 대가리와 내장을 떼어낸 멸치 7마리와 다시마 2장을 넣고 10분간 끓여주세요.

② 10분 뒤 멸치와 다시마를 건져냅니다.

③ 만두 10개, 가래떡 1줌, 국간장 1큰술, 다진 마늘 1/3큰술을 넣고 5분간 끓여 주세요.

④ 달걀 1개를 풀어서 넣고, 소금 1/4큰 술, 송송 썬 파 30g을 넣고 3분간 끓 여주세요.

 율브로맘's Commemt

달걀은 넣자마자 너무 세게 젓지 말고 천천히 저어주세요. 작은 크기의 물만두나 집에서 만든 만두로 요리해도 좋아요.

율브로맘 만두 레시피는 174쪽을 참고해주세요.

깔끔한 맛이 일품인 보양식

닭가슴살
닭곰탕

조리시간 45분

주재료 · 닭가슴살 250g

· 5회 분량

부재료 · 물 1.5ℓ, 대파 1대(60g), 양파 1/2개(100g), 무 150g, 다시마 2장(4×4cm), 마늘 5개, 표고버섯 2개, 대추 5개, 송송 썬 쪽파 20g, 소금 1티스푼, 후춧가루 조금

①

대파 1대는 길쭉하게 자르고, 양파 1/2개는 절반으로 자르고, 무 150g은 4등분을 해주세요.

②

물 1.5ℓ에 닭가슴살 250g, 손질한 대파, 양파, 무, 다시마 2장, 마늘 5개, 표고버섯 2개, 대추 5개를 넣고 끓여주세요.

③

10분 뒤 다시마를 먼저 건져내고, 20분 뒤 건더기를 모두 건져냅니다.

④

건져낸 닭가슴살은 가늘게 찢어주세요.

⑤

육수에 찢은 닭가슴살을 넣고 송송 썬 쪽파 20g, 후춧가루 조금 넣고 소금 1티스푼으로 간을 맞춰주세요.

⑥

한소끔 끓여주세요.

율브로맘's Commemt

닭가슴살을 이용해 조금 더 간단하고 쉽게 끓인 닭곰탕. 율브로는 밥을 말아서 좋아하는 김치와 너무 잘 먹어요. 다 먹은 육수에 국수를 삶아 말아도 좋아요. 유아식 시작 시기에는 후춧가루를 생략하고 소금 양을 조절하면 좋을 것 같아요.

영양 가득 든든한

사골
순두부찌개

조리시간 30분	**주재료** · 순두부 1팩(400g), 사골육수 600㎖ · **3회 분량**
	부재료 · 해감한 바지락 150g, 손질한 새우 5마리, 달걀 1개, 애호박 1/3개, 당근 50g, 양파 1/4개, 파 40g, 다시마 1장(4×4cm), 다진 마늘 1/3큰술, 새우젓 1티스푼, 국간장 1큰술, 참기름 1/2큰술

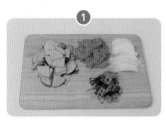

① 애호박 1/3개와 당근 50g은 0.5cm 두께로 썰어서 4등분하고, 양파 1/4개는 채 썰고, 파 40g은 송송 썰어주세요.

② 사골육수 600㎖에 다시마 1장, 다진 마늘 1/3큰술을 넣고 10분간 끓여주세요.

③ 다시마를 건져내고, 순두부 1팩, 해감한 바지락 150g 손질한 새우 5마리, 애호박, 당근, 양파를 넣어주세요.

④ 새우젓 1티스푼, 국간장 1큰술을 넣어 간을 맞춰주세요.

⑤ 한두 번 거품을 걷어내며 10분간 중불에 끓여주세요.

⑥ 달걀 1개, 송송 썬 파를 넣고 2분간 더 끓여주세요. 부족한 간은 소금으로 맞춰주세요.

⑦ 불을 끄고 참기름 1/2큰술을 넣어주세요.

율브로맘's Commemt

두부를 좋아하지 않는 저와는 달리 율브로는 연두부이든 순두부이든 두부 종류를 다 잘 먹어요. 순두부와 조개를 먼저 건져서 먹고 국물까지 호로록 마실 정도예요. 아이들 먹을 만큼 덜어내고 엄마 아빠는 청양고추와 고춧가루를 넣어 끓이면 얼큰하고 맛있게 먹을 수 있어요.

율브로맘's Recipe

햄 듬뿍 인기 메뉴

사골부대찌개

조리시간 25분

| 주재료 | 햄 70g, 스팸 50g, 프랑크소시지 90g, 돼지고기 다짐육 50g | · 4회 분량 |

부재료 · 신김치 100g, 가래떡 50g, 베이크드빈스 50g, 양파 1/2개(50g), 파 50g, 사골육수 150㎖, 물 500㎖, 김칫국물 3큰술, 다진 마늘 1/3큰술, 국간장 1큰술, 새우젓 1/3큰술, 설탕 1/3큰술, 후춧가루 조금

국·찌개

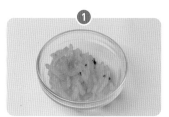

① 신김치 100g은 물에 헹궈 맵고 짠기를 뺀 다음 채 썰어주세요.

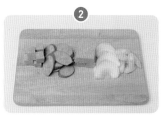

② 햄 70g, 스팸 50g은 사각 썰기, 프랑크소시지 90g은 슬라이스 썰기, 양파 1/2개는 채 썰고, 파 50g은 어슷썰기를 해주세요.

③ 냄비에 손질한 햄, 프랑크소시지, 스팸, 신김치, 양파, 돼지고기 다짐육 50g, 가래떡 50g, 베이크드빈스 50g을 넣어주세요.

④ 사골육수 150㎖, 물 500㎖을 붓고 김칫국물 3큰술, 다진 마늘 1/3큰술, 국간장 1큰술, 새우젓 1/3큰술, 설탕 1/3큰술, 후춧가루 조금 넣고 중강불에 15분간 끓여주세요.

⑤ 어슷 썬 파를 넣고 한소끔 더 끓여주세요.

율브로맘's Commemt

4세 때 처음 끓여준 부대찌개예요. 매운 음식을 제법 잘 먹는 율브로는 햄과 김치를 건져 먹고 남은 육수에 라면 사리를 넣어 끓여 먹기도 해요. 매운 걸 못 먹는 아이들은 김칫국물 양을 조절하고 후춧가루는 빼도 됩니다. 치즈는 마지막에 취향껏 넣어주고 햄, 스팸, 소시지는 한 번 데쳐서 넣으면 조금 더 안심하고 먹을 수 있어요.

구수하고 담백한

감잣국

조리시간 25분

주재료	감자 2개(100g) · 3회 분량
부재료	당근 30g, 양파 1/2개, 파 30g, 달걀 1개, 물 600㎖, 들기름 3큰술, 다진 마늘 1/3큰술, 국간장 1큰술, 소금 1/4큰술

①

감자 2개, 당근 30g은 나박나박 썰고, 양파 1/2개는 채 썰고, 파 30g은 송송 썰어주세요.

②

냄비에 들기름 3큰술을 두르고 감자를 중불에 5분간 볶아주세요.

감자는 물을 조금 넣어가면서 볶으면 훨씬 잘 익어요.

③

채 썬 양파와 나박나박 썬 당근을 넣고 2분간 더 볶아주세요.

④

물 600㎖를 붓고, 다진 마늘 1/3큰술, 국간장 1큰술을 넣고 10분간 끓여주세요.

⑤

소금 1/4큰술, 송송 썬 파를 넣고 1분간 더 끓여주세요.

⑥

달걀 1개를 풀어 넣고 1분간 더 끓여주세요.

 율브로맘's Commemt

인스타그램에 올리고 엄마들에게 인기가 많았던 국이에요. 후기 대부분 아이들이 다 잘 먹고 고맙다는 내용이었고요. 정말 진하고 구수하고 맛있어요. 적극 추천하는 국 중 하나입니다. 감자는 전분 때문에 볶을 때 힘들 수도 있어요. 그럴 때는 물을 조금 넣어가며 볶아주세요.

주재료 · 해감한 바지락 800g

부재료 · 물 500㎖, 송송 썬 파 30g, 다진 마늘 1큰술, 청주 2큰술

· 2회 분량

물 500㎖에 다진 마늘 1큰술을 넣고 3분간 끓여주세요.

해감한 바지락 800g과 청주 2큰술을 넣고 센 불에 10분간 끓여주세요.

송송 썬 파 30g을 넣고 한소끔 끓여 주세요.

 율브로맘's Commemt

바지락을 너무나 사랑하는 율브로예요. 따로 간을 하지 않고 조개 육수만으로도 아주 시원하고 맛있는 탕이죠. 조개가 생소한 아이들은 직접 살을 발라 먹게 해주면 재미있어하며 잘 먹을 거예요. 바지락을 너무 오래 익히면 질겨지니 주의 해주세요. 맑은 국물을 원하면 마늘을 편 썰어서 넣어주세요.

쫄깃한 식감이 돋보이는

당근수제비

조리시간 25분

주재료 ·	밀가루 1.5컵(종이컵, 250g), 당근 150g, 물 5큰술 · **4회 분량**
부재료 ·	감자 100g, 당근 30g, 애호박 50g, 파 30g, 물 1.2ℓ, 다시마 2장(4×4cm), 국물용 멸치 7마리, 건새우 1줌(10마리), 국간장 1.5큰술, 다진 마늘 1/3큰술, 소금 1/2티스푼, 달걀 1개

①

당근 150g은 물 5큰술을 넣어 믹서에 곱게 간 다음 면보로 꽉 짜서 당근즙을 만들어주세요.

②

밀가루 1.5컵에 당근즙 70㎖를 넣고 15분간 치댄 다음 랩으로 싸서 냉장고에 2시간 정도 숙성합니다.

③

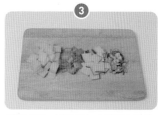

감자 100g, 당근 30g, 애호박 50g은 나박나박 썰고, 파 30g은 송송 썰어주세요.

④

냄비에 물 1.2ℓ를 붓고 다시마 2장, 대가리와 내장을 떼어낸 멸치 7마리, 건새우 1줌(10마리)을 넣고 10분간 끓여주세요.

⑤

다시마를 먼저 건져내고 5분 더 끓인 다음 나머지 건더기도 모두 건져냅니다.

⑥

국간장 1.5큰술, 다진 마늘 1/3큰술, 감자를 넣고 숙성된 반죽을 얇게 펴 한입 크기로 떼어 넣고 끓여주세요.

⑦

2분 뒤 반죽이 떠오르면 당근과 애호박을 넣고 5분간 더 끓여주세요.

⑧

송송 썬 파와 소금 1/2티스푼을 넣어 간을 맞춘 다음 달걀 1개를 풀어 넣어주세요.

율브로맘's Commemt

쫄깃한 식감이 재미있어서인지 수제비를 너무 좋아해요. 당근도 좋지만 시금치로도 색을 내면 예쁘고 신기해하며 좋아해요. 반죽을 밀대로 밀어 모양 틀을 이용해 아이들과 함께 요리 놀이도 할 수 있는 메뉴랍니다.

간단하지만 푸짐하고 담백한

순댓국

조리시간 15분

주재료 · 순대 350g	**· 3회 분량**

부재료 · 사골육수 800㎖, 소금 1/3큰술, 다진 마늘 1/3큰술, 들깻가루 1큰술, 부추 30g, 파 20g, 후춧가루 조금

❶

순대 350g은 1.5cm 굵기로 썰어주세요.

❷

사골육수 800㎖를 보글보글 끓여주세요.

❸

순대, 소금 1/3큰술, 다진 마늘 1/3큰술, 들깻가루 1큰술, 후춧가루 조금 넣고 5분간 끓여주세요.

❹

송송 썬 부추 30g, 파 20g을 넣고 1분간 더 끓여주세요.

 율브로맘's Commemt

율브로 4세 때 순대가 생소해서 잘 먹지 않을 거라고 생각했는데 삶아서 소금을 조금씩 찍어주니 제법 잘 먹더라고요.

그래서 국을 끓여봤어요. 순대도 쏙쏙 골라서 잘 먹고 구수한 사골육수에 밥도 말아서 먹어요. 다진 청양고추와 양념장

또는 새우젓을 추가하면 엄마 아빠도 맛있게 먹을 수 있어요.

진하고 든든한

들깨삼계탕

조리시간
1시간

| 주재료 | 닭 1마리(1kg), 들깻가루 5큰술 | 4회 분량 |

부재료 · 찹쌀 100g, 밤 5개, 대추 5개, 통마늘 3개, 양파 1/2개, 파 1대, 표고버섯 2개, 전통재료 1팩

① 닭 1마리는 흐르는 물에 깨끗이 씻고, 양파 1/2개, 파 1대, 표고버섯 2개는 큼지막하게 썰어주세요.

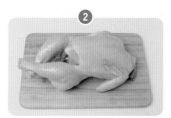

② 닭 속에 불린 찹쌀 100g, 밤 5개, 통마늘 3개를 넣고 다리를 묶어주세요.

③ 닭이 잠길 정도로 물을 붓고 속을 채운 닭, 전통재료 1팩, 대추 5개, 양파, 파, 표고버섯을 넣고 끓여주세요.

④ 20분 뒤 전통재료를 건져냅니다.

⑤ 20분 뒤 대추, 양파, 파, 표고버섯을 모두 건져냅니다.

⑥ 들깻가루 5큰술을 넣고 10분간 더 끓여주세요.

율브로맘's Commemt

'국물이 텁텁해서 안 먹으면 내가 먹어야지' 하는 마음으로 만들어주었는데, 고기도 잘 먹고 국물에 찰밥도 말아서 잘 먹더라고요. 둘째 아이가 '엄마 이건 천사의 요리 맛이야'라고 표현해주어서 놀라기도 했던 메뉴예요. 들깻가루가 걱정 되시면 생략해도 좋아요. 입맛에 맞춰 소금과 후춧가루로 간을 추가해주세요.

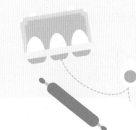

Part. 5 면 요리

주말 한 끼는 면 요리 어떠세요?

아이들이 언제나 환영하는 잡채부터 이색적인 맛을 느낄 수 있는

쌀국수까지, 간을 더하면 엄마랑 아빠도 같이

먹을 수 있는 메뉴들로 구성했습니다.

쉽고 간단! 달콤한 맛의

비빔국수

조리시간
20분

주재료 · 국수 150g	**· 3회 분량**

부재료 · 달걀 2개, 오이 70g, 간장 2큰술, 매실액 1/2큰술, 참기름 1큰술, 다진 마늘 1/4큰술, 설탕 2/3큰술, 통깨 조금

달걀 2개는 15분간 삶아주세요.

오이 70g은 채 썰어주세요.

끓는 물에 국수 150g을 펼쳐서 넣고 끓어오르면 찬물을 조금씩 부어가며 4분간 삶아주세요.

삶은 국수는 찬물에 여러 번 헹궈 물기를 꼭 짜주세요.

삶은 국수에 간장 2큰술, 매실액 1/2큰술, 참기름 1큰술, 다진 마늘 1/4큰술, 설탕 2/3큰술을 넣고 골고루 비벼주세요.

채 썬 오이와 삶은 달걀을 껍질을 까서 올리고, 통깨를 조금 뿌려주세요.

율브로맘's Commemt

17개월부터 저염간장과 참기름을 조금 넣고 비빔면을 해줬어요. 손으로 집어가며 얼마나 잘 먹던지요. 율브로가 면 요리를 먹고 싶어 할 때 가장 쉽고 빠르게 만들어줄 수 있는 국수예요. 이젠 초장을 조금 넣어 매콤하게 만들어도 제법 잘 먹어요. 개월 수가 적은 아이는 간장 양을 줄이고 마늘향을 싫어하면 빼도 좋아요.

아이들이 좋아하는 영양 가득

잡채

조리시간
40분

주재료	당면 100g, 채 썬 돼지고기 100g, 시금치 100g, 당근 50g, 표고버섯 3개(60g), **5회 분량**
	파프리카 1/2개(70g), 양파 1/2개(120g)
부재료	간장 1티스푼, 다진 마늘 1.5티스푼, 후춧가루 조금, 소금 2티스푼, 식용유 4큰술,
	간장 1.5큰술, 설탕 1.5큰술, 참기름 2큰술, 통깨 조금

❶

당면 100g은 30분간 물에 불렸다가 끓는 물에 5분간 삶은 후 찬물에 헹궈 물기를 빼주세요.

❷

채 썬 돼지고기 100g에 간장 1티스푼, 다진 마늘 1티스푼, 후춧가루 조금 넣고 버무려 4분간 볶아주세요.

❸

시금치 100g은 끓는 물에 소금 1/2티스푼을 넣고 50초간 데친 후 찬물에 헹궈 물기를 꼭 짜주세요.

❹

데친 시금치에 소금 1/2티스푼, 다진 마늘 1/2티스푼을 넣고 무쳐주세요.

❺

당근 50g, 표고버섯 3개, 파프리카 1/2개, 양파 1/2개는 채 썰어주세요.

❻

팬에 식용유 2큰술을 두르고 채 썬 표고버섯, 양파, 소금 1/2티스푼을 넣고 4분간 볶아주세요.

❼

팬에 식용유 2큰술을 두르고 채 썬 당근, 파프리카, 소금 1/2티스푼을 넣고 3분간 볶아주세요.

❽

볼에 삶은 당면, 데친 시금치, 볶은 돼지고기, 표고버섯, 양파, 당근, 파프리카를 모두 담고 간장 1.5큰술, 설탕 1.5큰술, 참기름 2큰술을 넣고 버무려주세요.

❾

마지막으로 통깨를 조금 뿌려주세요.

율브로맘's Commemt

20개월 설날에 율브로가 잡채를 너무 잘 먹는 모습에 자주 해주고 있어요. 씹기가 조금 어려운 아이들은 당면과 채소를 잘라 밥 위에 올려 잡채밥처럼 해주면 좋아요. 남은 잡채는 김말이나 달걀에 다져 넣어 달걀말이를 해주어도 맛있어요.

시원한 국물 맛이 일품인

바지락칼국수

조리시간 30분

주재료	해감한 바지락 600g, 칼국수면 300g

3회 분량

부재료	물 1.6ℓ, 국물용 멸치 7마리, 다시마 2장(4×4cm), 건새우 20마리, 건표고버섯 1개, 채 썬 당근 30g, 채 썬 호박 30g, 어슷 썬 파 30g, 다진 마늘 1/2큰술

①

물 1.6ℓ에 국물용 멸치 7마리, 다시마 2장, 건새우 20마리, 건표고버섯 1개를 넣고 10분간 끓여주세요.

②

다시마 2장을 먼저 건져내고 10분 더 끓인 후 나머지 재료를 모두 건져냅니다.

③

끓는 육수에 해감한 바지락 600g을 넣고 바지락이 입을 벌리면 건져내세요.

④

조개의 불순물이 남아 있을지 모르니 육수를 다른 냄비에 따라주세요.

⑤

칼국수면 300g은 밀가루를 털어내고 육수에 넣어 거품을 걷어내며 3분간 먼저 끓여주세요.

⑥

채 썬 당근 30g, 호박 30g, 다진 마늘 1/2큰술을 넣고 3분간 끓여주세요.

⑦

삶은 바지락, 어슷 썬 파 30g을 넣고 2분 더 끓여주세요.

 율브로맘's Commemt

율브로만큼이나 바지락을 좋아하는 제가 가장 좋아하는 국수예요. 면을 다 먹고 남은 국물에 밥을 말아 먹어도 정말 맛있어서 간단하면서도 든든한 한 끼가 될 거예요. 엄마 아빠는 국간장 1큰술을 추가해도 좋고 겉절이와 함께 먹으면 더 맛있어요.

달큰하고 고소한

호박국수

조리시간 20분

| 주재료 | 애호박 2/3개(220g), 국수 150g | **3회 분량** |

부재료 · 파 30g, 양파 60g, 당근 30g, 다진 마늘 1/3큰술, 새우젓 1/3큰술, 참기름 1큰술, 들기름 2큰술, 깨소금 조금, 물 80㎖, 소금 조금

①

애호박 1개는 0.5cm 두께로 채 썰고, 파 30g, 양파 60g, 당근 30g도 채 썰어주세요.

②

팬에 들기름 2큰술을 두르고 다진 마늘 1/3큰술을 30초간 볶아주세요.

③

채 썬 애호박, 양파, 당근, 파, 새우젓 1/3큰술을 넣고 살살 저어가며 5분간 볶다가 물 80㎖와 소금 조금 넣고 3분간 더 볶아주세요

④

끓는 물에 국수 150g을 펼쳐서 넣고 찬물을 부어가며 4분간 삶아주세요.

⑤

삶은 국수를 찬물에 여러 번 헹구고 물기를 꽉 짜주세요.

⑥

삶은 국수에 호박 양념장을 올리고 참기름 1큰술과 깨소금을 조금 넣어 비벼 먹어요.

율브로맘's Commemt

어릴 때 엄마가 자주 해주셨던 국수예요. 양념장과 참기름을 듬뿍 넣어 투박하게 비벼주시던 그 맛이 생각나 저도 아이들에게 해준답니다. 호박의 달큰함에 아이들은 물론 엄마 아빠도 좋아할 거예요.(고추가루를 조금 추가해도 좋아요.)

국물이 진하고 고소한

들깨칼국수

조리시간 20분

주재료 · 칼국수면 200g, 들깻가루 3큰술

3회 분량

부재료 · 감자 1개(160g), 당근 30g 표고버섯 1개(30g), 물 1ℓ, 다시마 2장(4×4cm), 국물용 멸치 7마리, 건새우 1줌(10마리), 다진 마늘 1/3큰술, 국간장 1/2큰술, 소금 1/2티스푼

① 감자 1개(160g), 당근 30g, 표고버섯 1개(30g)는 0.5cm 두께로 채 썰어주세요.

② 물 1ℓ에 다시마 2장, 국물용 멸치 7마리, 건새우 1줌(10마리)을 넣고 10분간 끓인 다음 건더기를 건져냅니다.

③ 육수에 채 썬 감자, 당근, 표고버섯, 다진 마늘 1/3큰술을 넣고 5분간 끓여주세요.

④ 칼국수 200g을 밀가루를 털어서 넣고, 국간장 1/2큰술을 넣어 3분간 끓여주세요.

⑤ 들깻가루 3큰술, 소금 1/2티스푼을 넣고 5분간 더 끓여주세요.

율브로맘's Commemt

유아식 시작 시기부터 들깨를 국이나 나물 등 여러 요리에 사용했어요. 감자와 진한 들깨 육수가 어우러져 너무 일품이에요. 들깻가루는 탈피가 된 고운 가루를 사용하고, 들깨에 대한 거부감이 있는 아이들은 양을 많이 줄여 감자 칼국수처럼 만들어도 좋아요. 어쩌면 아이들보다 엄마 아빠가 더 좋아할지도 모르겠네요.

영양 만점, 고소한 국물의

사골국수

조리시간
15분

주재료 · 국수 100g, 사골육수 500㎖	**3회 분량**
부재료 · 양파 30g, 당근 10g, 파 10g, 소금 1티스푼, 다진 마늘 1티스푼, 후춧가루 조금	

❶

양파 30g, 당근 10g은 채 썰고, 파 10g은 송송 썰어주세요.

❷

끓는 물에 국수 100g을 넣고 끓어오르면 찬물을 부어가며 4분간 삶아주세요.

❸

삶은 국수는 찬물에 여러 번 헹구고 물기를 꽉 짜주세요.

❹

사골육수 500㎖에 채 썬 양파, 당근, 송송 썬 파, 소금 1티스푼, 다진 마늘 1티스푼, 후춧가루 조금 넣고 5분간 끓여주세요.

❺

그릇에 삶은 국수를 담고 ④의 사골육수를 부어주세요.

율브로맘's Commemt

아이들도 엄마 아빠도 건강하고 맛있게 먹을 수 있는 간단한 한 끼! 유아식을 시작할 때는 사골육수에 소금만 약간 넣고, 시판용 사골육수를 사용할 경우에는 간을 조절해주세요.

부들부들 식감이 재밌는

당면국수

조리시간 30분	**주재료** · 당면 90g **3회 분량**
	부재료 · 애호박 40g, 양파 40g, 당근 20g, 파 20g, 달걀 1개, 물 1.5ℓ, 다시마 2장(4×4cm), 건표고버섯 1개, 건새우 10마리, 국물용 멸치 5마리, 간장 1.5큰술, 다진 마늘 1/3큰술, 소금 1티스푼, 후춧가루 조금

➊ 당면 90g은 미지근한 물에 30분간 불려주세요.

➋ 애호박 40g, 양파 40g, 당근 20g, 파 20g은 채 썰어주세요.

➌ 물 1.5ℓ에 다시마 2장, 건표고버섯 1개, 건새우 10마리, 국물용 멸치 5마리를 넣고 10분간 끓여주세요.

➍ 다시마를 먼저 건져내고 간장 1.5큰술, 다진 마늘 1/3큰술을 넣고 5분간 더 끓여주세요.

➎ 건더기를 모두 건져내고 불린 당면을 적당한 길이로 잘라서 넣고 4분간 끓여주세요.

➏ 삶은 당면을 건져서 그릇에 담고 육수에 ➋의 채 썬 채소, 소금 1티스푼, 후춧가루 조금 넣고 2분간 끓여주세요.

➐ 육수에 달걀 1개를 풀어 넣고 한소끔 끓여주세요.

➑ 당면에 ➐의 육수를 부어주세요.

율브로맘's Commemt

율브로는 당면의 식감이 재밌는지 잡채도 좋아하지만 국에 들어간 당면도 좋아해요. 미끌거리는 당면을 젓가락으로 먹기 힘들어 그릇에 입을 대고 먹고 국물까지도 잘 먹어요. 개월 수가 적은 아이는 면과 채소를 잘게 잘라주고 밥을 말아주어도 좋아요. 엄마 아빠는 간장 2큰술, 참기름 1/2큰술, 다진 마늘 1티스푼, 설탕 1/3큰술, 다진 파 20g을 섞어 양념장을 만들어 먹으면 더 맛있어요.

아삭하고 시원한 맛의
콩나물김치
비빔국수

조리시간 20분

주재료	국수 120g, 콩나물 100g, 김치 100g
부재료	오이 1/2개(90g), 상추 5장, 간장 1.5큰술, 매실액 1큰술, 참기름 1큰술, 다진 마늘 1/4큰술, 설탕 2/3큰술, 소금 1/4큰술, 통깨 조금

3회 분량

① 김치 100g은 물에 양념을 씻어내고 찬물에 10분간 담가두세요.

② 콩나물 100g은 끓는 물에 소금 1/4큰술을 넣고 4분간 삶아주세요.

③ 김치는 물기를 꼭 짜서 잘게 채 썰고, 삶은 콩나물도 2등분으로 잘라주세요. 오이 1/2개는 채 썰고 상추 5장은 듬성듬성 썰어주세요.

④ 끓는 물에 국수 120g을 펼쳐서 넣고 끓어오르면 찬물을 조금씩 부어가며 4분간 삶아주세요.

⑤ 삶은 국수는 찬물에 여러 번 헹구고 물기를 꼭 짜주세요.

⑥ 볼에 삶은 국수와 콩나물, 김치를 담고 간장 1.5큰술, 매실액 1큰술, 참기름 1큰술, 다진 마늘 1/4큰술, 설탕 2/3큰술을 넣고 잘 비벼주세요.

⑦ 용기에 비빔면 적당량을 담아 상추와 채 썬 오이를 올리고 통깨를 조금 뿌려주세요.

 율브로맘's Commemt

콩나물을 좋아하고 김치 러버인 율브로에게는 안성맞춤인 국수예요. 엄마 아빠도 초장을 조금 추가하면 맛있게 먹을 수 있어요. 너무 시지 않은 김치를 사용하고, 푹 신 김치는 들기름에 설탕을 조금 넣고 한 번 볶아서 넣어주세요.

감칠맛과 풍미가 좋은

비엔나소시지
파스타

조리시간 20분

주재료	비엔나소시지 100g, 베이컨 50g, 파스타면 120g	· 4회 분량
부재료	올리브유 4큰술, 다진 마늘 1/2큰술, 면수 1국자, 소금 1.5티스푼, 후춧가루 조금, 파슬리 가루 조금	

❶

비엔나소시지 100g은 칼집을 내서 끓는 물에 30초간 데쳐주세요.

❷
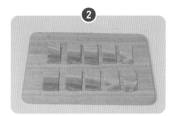
베이컨 50g은 2cm 두께로 썰어주세요.

❸

끓는 물에 소금 1티스푼을 넣고 파스타면 120g을 9분간 삶아주세요. 파스타면은 브랜드마다 삶는 시간이 다르니 잘 조절해주세요.

❹

파스타면은 건져서 물기를 털어내고 면수는 1국자 남겨두세요.

❺
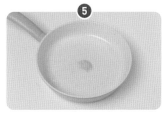
팬에 올리브유 4큰술을 두르고 다진 마늘 1/2큰술을 노릇해질 정도로 볶아주세요.

❻

베이컨을 넣고 1분간 볶아주세요.

❼

삶은 파스타, 데친 비엔나소시지, 면수 1국자, 소금 1/2티스푼, 후춧가루 조금 넣고 3분간 볶아주세요.

❽

파슬리 가루를 조금 뿌려주세요.

 율브로맘's Commemt

짭쪼름한 베이컨과 소시지까지 더해지니 맛이 없을 수 없어요. 율브로 친구들이 놀러 온 날 5명의 꼬맹이들이 얼마나 호로록거리며 잘 먹던지. 그냥 먹어도 좋지만 엄마 아빠는 페페론치노를 넣으면 살짝 매콤한 맛이 좋아요. 개월 수가 적은 아이들은 소금 양을 줄이고 후춧가루와 파슬리 가루를 빼고 만들어주세요.

숙주의 아삭한 식감이 돋보이는

쌀국수
숙주볶음

조리시간
15분

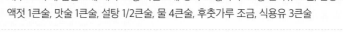

주재료 · 쌀국수 90g, 숙주 200g

3회 분량

부재료 · 새우 10마리, 달걀 3개, 대파 60g, 마늘 2개, 양파 60g, 부추 30g, 견과류 조금, 간장 2큰술, 액젓 1큰술, 맛술 1큰술, 설탕 1/2큰술, 물 4큰술, 후춧가루 조금, 식용유 3큰술

❶

쌀국수 90g은 찬물에 10분간 담가 불려주세요.

❷

간장 2큰술, 액젓 1큰술, 맛술 1큰술, 설탕 1/2큰술, 물 4큰술, 후춧가루 조금 섞어 소스를 준비하세요.

❸

팬에 식용유 1큰술을 두르고 달걀 3개를 풀어 스크램블을 만들고 그릇에 담아두세요.

❹

팬에 식용유 2큰술을 두르고 송송 썬 대파 60g을 2분간 볶아 파기름을 내 주세요.

❺

파기름에 편 썬 마늘 2개, 채 썬 양파 60g, 새우 10마리를 넣고 3분간 볶아 주세요.

❻

불린 쌀국수, 숙주 200g, 소스를 넣고 5분간 볶아주세요.

❼

불을 끄고 스크램블과 5cm 길이로 썬 부추 30g을 넣고 잔열로 볶아주세요.

❽

으깬 견과류를 솔솔 뿌려주세요.

율브로맘's Commemt

율브로도 저도 너무 좋아하는 메뉴예요. 견과류에 거부감이 있는 아이들은 빼고 만들어주세요. 액젓을 빼고 간장 양은

줄이고 굴소스를 넣어도 맛있어요. 굴소스는 62개월부터 사용하고 있어요.

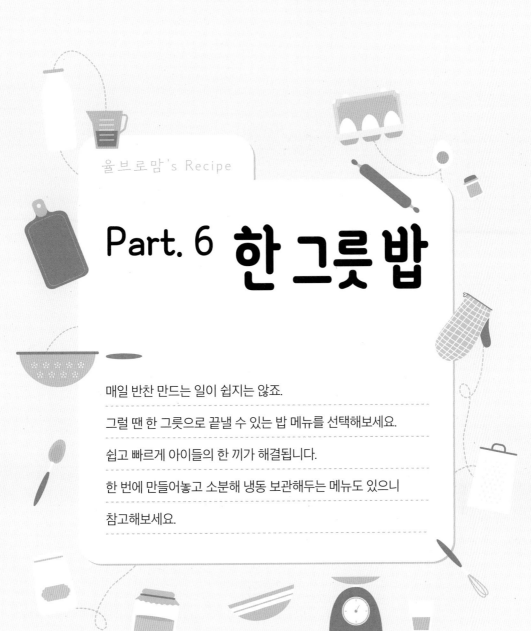

Part. 6 한 그릇밥

매일 반찬 만드는 일이 쉽지는 않죠.

그럴 땐 한 그릇으로 끝낼 수 있는 밥 메뉴를 선택해보세요.

쉽고 빠르게 아이들의 한 끼가 해결됩니다.

한 번에 만들어놓고 소분해 냉동 보관해두는 메뉴도 있으니

참고해보세요.

맛도 영양도 만점

파프리카
새우볶음밥

조리시간 **20분**	**주재료** · 탈각새우 300g, 파프리카 120g(빨강, 노랑 각 1/2개), 밥 2공기(350g) · 3회 분량
	부재료 · 호박 1/3개(80g), 당근 1/3개(40g), 양파 1/2개(110g), 버터 7g, 소금 1/4큰술, 후춧가루 조금

파프리카 빨강 1/2개, 노랑 1/2개, 호박 1/3개, 당근 1/3개, 양파 1/2개는 잘게 다지고, 탈각새우 300g은 1cm 두께로 썰어주세요.

달군 팬에 버터 70g을 녹이고 다진 양파, 호박, 당근을 센 불에 2분간 볶아주세요.

다진 파프리카를 넣고 1분간 센 불에 볶아주세요.

탈각새우를 넣고 소금 1/4큰술과 후춧가루를 조금 뿌려서 센 불에 5분간 볶아주세요

밥 350g을 넣고 중불에 2분간 볶아주세요.

율브로맘's Commemt

파프리카를 좋아하지 않는 막내 아이도 거부감 없이 잘 먹는 메뉴에요. 유아식을 시작하는 아이들은 소금을 1꼬집만 넣고 후춧가루는 빼고 만들어주세요 한 번에 많은 양을 만들어 소분해 냉동 보관해두면 바쁜 아침에 편리하게 먹을 수 있어요.

누구나 좋아하는

스팸달걀
볶음밥

조리시간 20분

주재료 · 스팸 120g, 달걀 4개, 밥 2공기(350g) · 3회 분량

부재료 · 대파 60g, 양파 60g, 당근 30g, 식용유 3큰술, 소금 1/2티스푼

① 스팸 120g은 1×1cm 크기로 깍둑썰기를 하고 끓는 물에 30초간 데쳐주세요.

② 대파 60g은 송송 썰고, 양파 60g, 당근 30g은 다져주세요.

③ 팬에 식용유 2큰술을 두르고 송송 썬 대파, 다진 양파를 1분간 볶아주세요.

④ 깍둑 썬 스팸과 다진 당근을 넣고 1분간 더 볶아주세요.

⑤ 다른 팬에 식용유 1큰술을 두르고 달걀 4개를 스크램블로 만들어주세요.

⑥ 볶은 재료에 밥 2공기를 넣고 소금 1/2티스푼으로 간을 맞춰서 5분간 볶아주세요.

율브로맘's Commemt

스팸과 달걀의 만남, 맛이 없을 수 없겠죠? 스팸은 율브로가 38개월 이후부터 끓는 물에 데쳐서 가끔 먹이고 있어요. 김밥용 김에 싸서 삼각김밥처럼 만들어주면 재밌고 맛있게 먹을 수 있어요.

올브로맘's Recipe

아삭한 식감에 풍미가 좋은

김치베이컨
볶음밥

조리시간 20분

| 주재료 | · 김치 300g, 베이컨 90g, 밥 2공기(350g) | · 3회 분량 |
| 부재료 | · 양파 60g, 파 60g, 식용유 2큰술, 설탕 1/3큰술, 참기름 1큰술, 통깨 조금 | |

김치 300g은 물에 양념을 헹군 후 찬 물에 10분간 담가 맵고 짠기를 빼주세요.

물기를 꽉 짠 김치와 양파 60g은 잘게 채 썰고, 베이컨 90g은 2cm 두께로 썰고, 파 60g은 송송 썰어주세요.

팬에 식용유 2큰술을 두르고 송송 썬 파를 2분간 볶아주세요.

베이컨을 넣고 3분간 더 볶아주세요.

채 썬 김치와 양파, 설탕 1/3큰술을 넣고 10분간 볶아주세요.

밥 300g을 넣고 3분간 더 볶아주세요.

불을 끄고 참기름 1큰술과 통깨를 조금 뿌려주세요.

 율브로맘's Commemt

율브로는 김치를 워낙 좋아해요. 밥상에 김치가 없으면 따로 김치를 꺼내 달라고 할 정도예요. 어느 날 김치볶음밥을 해달라고 해서 정말 많이 컸구나 하는 생각이 들더라고요. 베이컨 대신 다진 소고기를 넣어도 좋고 햄을 넣어도 됩니다.

고소하고 담백한

소고기볶음밥

조리시간 20분

주재료 · 소고기 다짐육 200g, 밥 2공기(350g)　　　　　　　　　　· 3회 분량

부재료 · 양파 50g, 파 50g, 당근 50g, 애호박 50g, 빨간 파프리카 50g, 간장 1큰술, 맛술 1큰술, 설탕 1/3큰술, 다진 마늘 1/3큰술, 후춧가루 조금, 소금 1/2티스푼, 참기름 1/2큰술, 통깨 조금

① 소고기 다짐육 200g은 키친타월로 꾹꾹 눌러 핏물을 제거해주세요.

② 소고기에 간장 1큰술, 맛술 1큰술, 설탕 1/3큰술, 다진 마늘 1/3큰술, 후춧가루 조금 넣고 버무려 밑간을 해주세요.

③ 양파 50g, 파 50g, 당근 50g, 애호박 50g 빨간 파프리카 50g은 다져주세요.

④ 팬에 밑간한 소고기를 중강불에 2분간 볶아주세요.

⑤ 다진 양파와 파를 넣고 2분간 볶아주세요.

⑥ 다진 당근, 애호박, 빨간 파프리카를 넣고 2분간 더 볶아주세요.

⑦ 공기밥 300g을 넣고 소금 1/2티스푼으로 간을 해서 3분간 더 볶아주세요.

⑧ 불을 끄고 참기름 1/2큰술, 통깨를 조금 뿌려주세요.

율브로맘's Commemt

고기와 채소 모두 많이 먹을 수 있어 율브로에게 자주 해주는 볶음밥이에요. 잘 안 먹는 채소는 아주 잘게 다져서 넣어주세요. 고소하고 담백해서 잘 먹을 거예요. 한 번에 많이 만들어 소분해 냉동실에 보관해두면 급할 때 아주 좋은 밀프렙 메뉴가 될 거예요.

건강하고 든든하게

두부소고기
유부초밥

조리시간 30분	주재료 · 두부 130g, 소고기 다짐육 100g, 꼬마유부 10장 · 3회 분량
	부재료 · 양파 60g, 당근 30g, 파프리카 60g(2가지 색 30g씩), 다진 파 1큰술, 다진 마늘 1/3큰술, 간장 1/2큰술, 참기름 1/3큰술, 후춧가루 조금, 소금 1/3티스푼, 식용유 1큰술

❶ 소고기 다짐육 100g에 다진 파 1큰술, 다진 마늘 1/3큰술, 간장 1/2큰술, 참기름 1/3큰술, 후춧가루 조금 넣고 버무려서 10분간 재워두세요.

❷ 팬에 재워둔 소고기를 3분간 볶아주세요.

❸ 양파 60g, 당근 30g, 파프리카 60g은 잘게 다져주세요.

❹ 팬에 식용유 1큰술을 두르고 다진 채소를 소금 1/3티스푼을 뿌려서 3분간 볶아주세요

❺ 두부 130g은 끓는 물에 1분간 데치고 면보에 싸서 물기를 꽉 짜주세요.

❻ 데친 두부, 볶은 소고기, 채소를 다 같이 섞어 속재료를 만들어주세요.
부족한 간은 소금으로 맞춰주세요.

❼ 꼬마유부에 속재료를 채워주세요.

율브로맘's Commemt

엄마 다이어트에도 좋지만 밥이 조금 부담스러운 날이나 아침에 해주면 속이 편해서 건강하고 든든하게 먹을 수 있어

요. 개월 수가 적은 아이들은 꼬마유부를 뜨거운 물에 한 번 데쳐서 기름기를 빼고 만들어주세요.

사골야채죽

조리시간 20분	**주재료** · 사골육수 400㎖, 밥 2공기(350g) · 3회 분량 **부재료** · 감자 50g, 표고버섯 2개(50g), 애호박 60g, 양파 60g, 당근 50g, 파프리카 30g, 파 50g, 다진 마늘 1/2큰술, 들기름 2큰술, 식용유 1큰술, 소금 1/3큰술, 후춧가루 조금, 참기름 1큰술, 깨소금 조금

① 감자 50g, 표고버섯 2개, 애호박 60g, 양파 60g, 당근 50g, 파프리카 30g, 파 50g을 다져주세요.

② 팬에 들기름 2큰술, 식용유 1큰술을 두르고 다진 마늘 1/2큰술을 1분간 볶아주세요.

③ 다진 감자, 표고버섯, 애호박, 양파, 당근, 파프리카, 파를 넣고 중불에 3분간 볶아주세요.

④ 사골육수 400㎖를 붓고 5분간 끓여주세요.

⑤ 밥 2공기, 소금 1/3큰술, 후춧가루 조금 넣고 한소끔 끓여주세요.

⑥ 불을 끄고 참기름 1큰술과 깨소금을 조금 뿌려주세요.

율브로맘's Commemt

쉽고 간단하면서도 든든한 사골육수에 채소까지 듬뿍 들어가 영양 만점 메뉴예요. 시판 사골육수를 사용할 경우 간을

맞게 조절하고 냉장고에 남은 채소가 있다면 잘게 다져서 넣어주세요. 유아식 시작 시기에는 후춧가루를 빼고 만들어

주세요

울브로맘's Recipe

부드러운 보양식

닭죽

조리시간
1시간 10분

| 주재료 · 닭 1/2마리(400g), 찹쌀 400g | · 5회 분량 |

부재료 · 표고버섯 2개, 감자 1/2개(80g), 당근 50g, 양파 90g, 애호박 60g, 닭육수 1ℓ, 다진 마늘 1/2큰술, 송송 썬 파 60g, 소금 1/2큰술, 후춧가루 조금, 참기름 1큰술

① 닭 1/2마리는 흐르는 물에 깨끗이 씻고, 표고버섯 2개, 감자 1/2개, 당근 50g, 양파 90g, 애호박 60g은 식감을 느낄 정도로 다져주세요.

② 찹쌀 400g으로 찰밥을 지어주세요.

③ 냄비에 물과 닭을 넣고 초벌로 한 번 삶은 후 냄비에 새로 물을 붓고 초벌한 닭을 30분간 삶아주세요.

④ 삶은 닭은 살만 발라내고 잘게 찢어주세요.

⑤ 닭육수 1ℓ에 찢은 닭살 250g, 다진 표고버섯, 감자, 당근, 양파, 애호박, 다진 마늘 1/2큰술, 만든 찰밥을 넣고 중불에 저어가며 20분간 끓여주세요.

⑥ 송송 썬 파 60g, 소금 1/2큰술, 후춧가루 조금 넣고 10분간 더 끓여주세요.

⑦ 불을 끄고 참기름 1큰술을 뿌려주세요.

율브로맘's Commemt

율브로는 죽 종류를 그리 좋아하는 편은 아니지만 그래도 닭죽은 정말 잘 먹어요. 온 가족 보양식으로 너무 좋은 영양 죽! 유아식을 시작할 때 6번 과정을 생략해도 육수의 감칠맛 때문에 맛이 적당해서 잘 먹어요. 아이들이 좋아하는 채소를 더 많이 넣고 만들어도 좋아요. 찹쌀에 거부감이 있는 아이들은 흰쌀밥으로 대체해도 좋아요.

가지쌈밥

조리시간 15분	**주재료** · 가지 1개(130g), 밥 2공기(350g)	· 3회 분량

부재료 · 깻잎 10장, 식용유 3큰술, 간장 2큰술, 설탕 1/2큰술, 매실청 1/2큰술, 참기름 1큰술, 다진 마늘 1/4큰술, 다진 당근 1큰술, 다진 파 1/2큰술, 다진 양파 1/2큰술, 통깨 1큰술

① 가지 1개는 0.5cm 두께로 어슷썰기를 하고, 깻잎 10장은 깨끗이 씻어 반으로 잘라주세요.

② 팬에 식용유 3큰술을 두르고 가지를 앞뒤로 3분간 부쳐주세요.

③ 간장 2큰술, 설탕 1/2큰술, 매실청 1/2큰술, 참기름 1큰술, 다진 마늘 1/4큰술, 다진 당근 1큰술, 다진 파 1/2큰술, 다진 양파 1/2큰술, 통깨 1큰술을 섞어 양념장을 만들어주세요.

④ 깻잎에 밥과 가지, 양념장을 올려서 먹어요.

율브로맘's Commemt

4세 때 혹시나 먹을까 해서 만들어주었던 메뉴예요. 율브로는 27개월부터 깻잎을 잘 먹었어요. 다만 가지를 그리 좋아하는 편은 아닌데, 이렇게 해주면 밥 한 공기를 뚝딱해요. 깻잎을 못 먹는 아이는 상추나 좋아하는 쌈으로 바꾸고, 호박을 좋아하면 호박쌈을 해주어도 좋아요. 엄마 아빠가 먹을 양념장에는 고춧가루와 청양고추를 다져서 넣어요.

달�걀김밥

조리시간	주재료 · 쌀밥 600g, 시금치 120g, 햄 50g, 맛살 70g, 당근 50g, 달걀 5개, 4회 분량
30분	김밥용 김 5장, 단무지 5줄
	부재료 · 소금 1+2/3티스푼, 참기름 2큰술, 통깨 1큰술, 식용유 조금

① 끓는 물에 소금 1/2티스푼을 넣고 시금치 120g을 40초간 데친 후 찬물에 헹궈 물기를 꽉 짜주세요.

② 데친 시금치, 햄 50g, 맛살 70g, 당근 50g을 다져주세요.

③ 달걀 5개를 풀고 다진 시금치, 햄, 맛살, 당근, 소금 1/2티스푼을 섞어주세요.

④ 팬에 식용유를 조금 두르고 달걀물을 부어서 두껍게 지단 3장을 부쳐주세요.

⑤ 달걀지단을 한 김 식힌 후 2cm 두께로 썰어주세요.

⑥ 쌀밥 600g에 소금 2/3티스푼, 참기름 2큰술, 통깨 1큰술을 넣고 골고루 섞어주세요.

⑦ 김에 양념한 밥을 얇게 깔고 달걀 4줄과 단무지 1줄을 올려서 말아주세요.

율브로맘's Commemt

율브로가 20개월 때 물에 헹궈 반으로 자른 단무지를 넣고 처음으로 김밥을 만들어주었어요. 김밥은 특히 여러 가지 재료들을 한 번에 많이 먹일 수 있어서 좋아요. 개월 수가 적은 아이들은 달걀지단의 양을 조절하고 단무지도 반으로 잘라서 작게 만들어주세요. 지단 속에 여러 가지 다른 채소들을 추가해서 넣어도 좋아요.

제철 채소로 더 건강하게

소고기가지밥

조리시간
20분

주재료 · 쌀 300g, 가지 2개(270g), 소고기 200g(불고기용)   · 4회 분량

부재료 · 간장 3큰술, 물 2큰술, 다진 마늘 1/4큰술, 다진 쪽파 1큰술, 설탕 1/2큰술, 참기름 2큰술,
         통깨 조금

1 가지 2개는 0.5cm 두께로 어슷썰기를 해주세요.

2 소고기 200g은 키친타월로 꾹꾹 눌러서 핏물을 제거한 후 팬에 참기름 1큰술을 두르고 핏기가 사라질 정도로만 볶아주세요.

3 쌀 300g을 씻어서 솥에 넣고 밥물을 평소보다 20% 정도 적게 맞춰주세요.

4 쌀 위에 어슷 썬 가지, 볶은 소고기를 올린 후 밥을 지어주세요.

5 간장 3큰술, 물 2큰술, 다진 마늘 1/4큰술, 다진 쪽파 1큰술, 설탕 1/2큰술, 참기름 1큰술, 통깨 조금 섞어 양념장을 만들어주세요.

6 잘 지어진 가지밥에 양념장을 올려 비벼 먹어요.

율브로맘's Commemt

36개월 땐 가지와 소고기를 더 잘게 썰어 밥을 짓고, 간장, 물, 참기름, 설탕만 소량씩 넣어 양념장을 만들어 비벼주었어요. 가지를 거부한다면 한 번 볶아서 밥을 짓거나, 그래도 안 먹으면 가지 대신 무를 넣어도 달큰하고 맛있어요. 양념장에 고춧가루와 청양고추만 추가하면 엄마 아빠도 맛있게 먹을 수 있어요.

율브로맘's Recipe

Part. 7

간식

밥 먹고 돌아서면 다시 배고프다는 아이들을 위해

가끔은 엄마표 간식을 만들어주면 어떨까요?

에어프라이어에 돌리면 바로 완성되는 메뉴부터

떡볶이, 튀김까지 아이들이 엄지척! 했던

다양한 간식 레시피를 소개합니다.

감자버터구이

조리시간 20분

주재료	· 감자 4개(350g)
부재료	· 버터 10g, 식용유 2큰술, 물 300㎖, 소금 1/3큰술, 설탕 1큰술

· 3회 분량

① 감자 4개는 4등분해서 둥글게 깎아 주세요.

② 물 300㎖에 감자와 소금 1/3큰술을 넣고 센 불에 6분간 삶아주세요.

③ 팬에 식용유 2큰술을 두르고 버터 10g을 녹여 삶은 감자를 구워주세요.

④ 감자를 10분간 골고루 노릇노릇 구워 주세요.

⑤ 불을 끄고 설탕 1큰술을 솔솔 뿌려주 세요.

율브로맘's Commemt

어느 날 TV에서 감자를 편식하는 아이에 대한 내용이 나왔어요. 그걸 보던 첫째 아이가 '우리는 감자를 잘 먹는다'며 감자가 먹고 싶다고 해서 급하게 만들어본 메뉴예요. 고소하고 달콤해서 그런지 인기 폭발이었고, 잊을 만하면 찾는 간식이에요. 개월 수가 적을 경우 감자를 더 작게 잘라서 만들어주세요.

조리시간 1시간

주재료 · 달걀 10개

부재료 · 식초 2큰술

① 실온에 꺼내둔 달걀을 식초 2큰술을 섞은 물에 10분간 담가두었다가 물기를 닦아주세요.

② 에어프라이어에 종이호일을 깔고 달걀을 넣고 120도에 20분간 구워주세요.

③ 달걀을 위아래로 뒤집어 130도에 20분간 구운 후, 달걀을 한 번 더 뒤집고 130도에 10분 더 구워주세요.

④ 구운 달걀을 곧바로 차가운 물에 담가 열기를 식혀주세요.

율브로맘's Commemt

우리 가족 모두 좋아하는 간식이에요. 삶은 달걀도 좋아하지만 쫄깃한 식감의 구운 달걀은 소금을 안 찍고도 너무 잘 먹어요. 바쁜 아침 아이들, 엄마 아빠 식사 대용으로도 굿!

오독오독 씹히는 맛이 있는

아몬드강정

조리시간 25분

주재료 · 아몬드 120g

부재료 · 물 4큰술, 설탕 3큰술, 소금 조금, 꿀 1큰술

· 5회 분량

① 아몬드 120g은 마른 팬에 약불로 3분간 볶아서 식혀주세요.

② 물 4큰술, 설탕 3큰술, 소금 조금 넣고 기포가 생길 정도로 1분간 끓여 시럽을 만들어주세요.

③ 시럽에 볶은 아몬드를 넣고 하얀 결정이 생길 때까지 8분간 졸여가며 볶아주세요.

④ 불을 끄고 꿀 1큰술을 넣고 버무려주세요.

⑤ 에어프라이어(또는 오븐)에 종이호일을 깔고 아몬드끼리 붙지 않도록 깔아주세요.

⑥ 160도에 5분 굽고 뒤집어서 5분 더 구운 후 식혀주세요.

율브로맘's Commemt

저는 견과류를 잘 못 먹어요. 율브로도 볶은 아몬드를 잘 안 먹는데, 40개월부터 이렇게 만들어주니 바삭바삭 달콤해서 그런지 너무 잘 먹어요. 제가 유일하게 아몬드를 먹을 수 있는 방법이기도 해요. 냉장고에 두고 차갑게 먹으면 더 바삭바삭하고 맛있어요. 꿀 알레르기가 있는 아이들은 올리고당이나 물엿으로 바꿔주세요.

노릇노릇 달콤한 간식

고구마맛탕

조리시간 20분	주재료 · 고구마 2개(350g)	· 2회 분량
	부재료 · 식용유 150㎖, 설탕 1큰술, 올리고당 1큰술, 검은깨 조금	

① 고구마 2개는 껍질을 벗기고 2×2cm 크기로 깍둑썰기를 해주세요.

② 넓은 팬에 식용유 150㎖를 붓고 170도에서 고구마를 넣고 골고루 5분간 튀겨주세요.

③ 팬에 튀긴 고구마와 설탕 1큰술을 넣고 설탕을 녹여가며 2분간 볶아주세요.

④ 불을 끄고 올리고당 1큰술을 섞어주세요.

⑤ 검은깨를 살짝 뿌려주세요.

 율브로맘's Commemt

어른 아이 누구나 좋아할 만한 간식이죠? 4세 아들을 둔 친구가 집에 놀러 왔을 때 아들보다 친구가 더 좋아해서 웃었던 기억이 나네요. 꿀을 잘 먹는 아이들은 올리고당 대신 꿀을 넣어도 좋아요.

달콤하고 맛있는

단호박조림

조리시간 30분

주재료 · 단호박 1/4개(250g)

· 2회 분량

부재료 · 물 200㎖, 올리고당 3큰술, 꿀 1큰술, 견과류 조금, 검은깨 조금

간식

①

단호박 1/4개는 씨를 제거하고 껍질을 깎아낸 다음 먹기 좋은 크기로 썰어주세요.

②

팬에 물 200㎖, 올리고당 3큰술, 꿀 1큰술을 넣고 살짝 끓여 올리고당과 꿀을 녹여주세요.

③

단호박을 넣고 잘 섞어가며 중불에서 20분간 조려주세요.

④

견과류와 검은깨를 조금 뿌려주세요.

율브로맘's Commemt

세상 달콤함에 너무 좋아하는 간식이에요. 율브로는 21개월 때 껍질 깐 단호박에 올리고당이나 꿀을 발라 찜기에 쪄주었어요. 개월 수에 맞게 당은 조절하고 견과류를 잘 못 먹는 아이는 빼주세요. 전자레인지에 3분 정도 돌리면 껍질 벗기기가 수월해져요.

아이들과 요리 놀이를 할 수 있는

토르티야피자

조리시간
15분

주재료 · 토르티야 1장(40g), 옥수수 40g, 모차렐라 치즈 60g, 슬라이스햄 30g · 1회 분량

부재료 · 버터 5g, 다진 마늘 1/4큰술, 꿀 1/2큰술

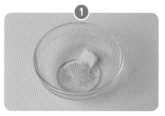

버터 5g, 다진 마늘 1/4큰술, 꿀 1/2큰술을 섞어 소스를 만들어주세요.

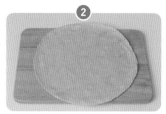

토르티야 1장에 소스를 골고루 펴 발라주세요.

모차렐라 치즈 60g, 옥수수 40g, 자른 슬라이스햄 30g 순으로 올려주세요.

180도로 예열한 오븐(또는 에어프라이어)에 5분간 구워주세요.

율브로맘's Commemt

율브로와 같이 요리 놀이를 하며 만들 수 있는 가장 쉽고 간단한 요리예요. 시판용 피자를 그리 좋아하지 않는 율브로는 본인들이 만든 피자가 신기하고 맛있는지 처음 같이 만들어본 날 두 장씩 먹을 정도였어요. 여러 가지 채소와 과일을 잘게 썰어서 넣어보세요. 유아식 초반에는 꿀 대신 설탕이나 올리고당을 조금 넣어서 만들어주세요.

조리시간 30분

주재료	· 감자 2개(300g), 비엔나소시지 10개	· 5회 분량
부재료	· 당근 30g, 소금 1티스푼, 설탕 1티스푼, 밀가루 30g, 달걀 2개, 빵가루 30g, 식용유 100㎖	

①

비엔나소시지 10개는 칼집을 내고 끓는 물에 30초간 데쳐주세요.

②

감자 2개는 4등분으로 자르고, 당근 30g은 잘게 다져주세요.

③

감자가 잠길 정도로 물을 붓고 10분간 삶아주세요.

④

삶은 감자를 으깬 후 소금 1티스푼, 설탕 1티스푼, 다진 당근을 넣고 섞어주세요.

⑤

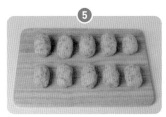

데친 소시지를 으깬 감자로 감싼 후 밀가루, 달걀, 빵가루 순으로 튀김옷을 입혀주세요.

⑥

팬에 식용유 100㎖를 붓고 170도에서 골고루 돌려가며 10분간 튀겨주세요.

 율브로맘's Commemt

코로나로 가정 보육이 길어지면서 만들어주던 간식이에요. 소시지가 안에 있는 걸 알고 소시지 먼저 쏙쏙 빼 먹었지만

감자도 고소하고 달콤해서 다 잘 먹었어요. 밀가루 대신 감자로 만들어 건강에도 더 좋겠죠? 개월 수가 적은 아이들은

소시지를 다져서 감자와 함께 섞어 작게 만들어주면 좋을 것 같아요.

간식으로도 반찬으로도 좋은

콘치즈샐러드

조리시간 15분

주재료	옥수수 통조림 1캔(180g)
부재료	당근 30g, 양파 30g, 파프리카 30g, 햄 30g, 버터 5g, 우유 100㎖, 치즈 2장

· 4회 분량

① 옥수수는 흐르는 물에 헹궈 물기를 빼주세요.

② 당근 30g, 양파 30g, 파프리카 30g, 햄 30g은 0.5×0.5cm 크기로 깍둑썰기를 해주세요.

③ 팬에 버터 5g을 녹이고 양파를 먼저 1분간 볶아주세요.

④ 당근, 파프리카, 햄, 옥수수를 모두 넣고 3분간 더 볶아주세요.

⑤ 우유 100㎖와 치즈 2장을 넣고 센 불에 5분간 졸여가며 끓여주세요.

율브로맘's Commemt

형들과는 달리 막내 찬율이는 아직도 파프리카를 그냥 먹기 조금 힘들어서 볶음밥이나 카레, 짜장에 잘게 썰어 넣어주고 있어요. 이렇게 샐러드에 같이 넣어줘도 거부감 없이 잘 먹어요. 아이들 간식은 물론 엄마의 맥주 안주로도 제격이에요. 유아식 시작 시기에는 캔옥수수 대신 일반 옥수수를 쪄서 넣어주고 아이들이 좋아하는 채소로 취향에 맞게 변경해도 좋아요.

| 조리시간 15분 | 주재료 · 감자 2개(350g) | · 3회 분량 |
| | 부재료 · 당근 50g, 양파 60g, 부침가루 1큰술, 소금 1/4큰술 | |

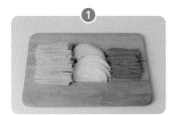

① 감자 2개와 당근 50g, 양파 60g은 가늘게 채 썰어주세요.

② 채 썬 감자, 당근, 양파에 부침가루 1큰술과 소금 1/4큰술을 넣고 버무려주세요.

③ 팬에 식용유를 두르고 먹기 좋은 크기로 부쳐주세요.

④ 뒤집어가며 5분간 노릇노릇 구워주세요.

율브로맘's Commemt

동그랗게 크게 부쳐서 치즈를 올리고 피자처럼 잘라 먹어도 너무 좋아요. 아이들도 잘 먹지만 엄마 아빠도 좋아할 만한 술안주! 맥주 한잔 생각나는 날 떠올릴 만큼 쉽고 간단하지만 맛있어요.

호박 안 먹는 아이도 잘 먹는

호박전

조리시간 20분	주재료 · 호박 1개(270g) ·3회 분량 부재료 · 소금 1/2티스푼, 부침가루 3큰술, 물 6큰술, 식용유 2큰술

호박 1개는 0.5cm 두께로 채 썰어주세요.

채 썬 호박에 소금 1/2티스푼을 뿌리고 살짝 버무려 15분간 절여주세요.

절인 호박에 부침가루 3큰술, 물 6큰술을 넣고 버무려주세요.

식용유 2큰술을 두르고 앞뒤로 골고루 부쳐주세요.

 율브로맘's Commemt

호박이 달큰하고 고소해서 율브로는 물론 저도 너무 좋아하는 반찬이자 간식이자 술안주예요. 지인분들께 레시피를 공유하니 신기하게도 너무 맛있다고 엄지척을 해주었던 메뉴예요.

달콤하고 고소한

옥수수맛살전

조리시간
15분

주재료 · 통조림 옥수수 150g, 맛살 100g

부재료 · 당근 20g, 파 20g, 부침가루 5큰술, 물 150㎖, 식용유 1큰술

· 2회 분량

통조림 옥수수 150g은 흐르는 물에 한 번 헹군 다음 물기를 빼주세요.

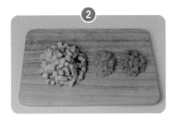

맛살 100g, 당근 20g은 옥수수와 비슷한 크기로 깍둑썰기를 하고, 파 20g은 다져주세요.

부침가루 5큰술, 물 150㎖를 섞어 반죽을 만들어주세요.

반죽에 옥수수, 맛살, 당근, 파를 섞어 주세요.

팬에 식용유 1큰술을 두르고 한 수저씩 덜어 부쳐주세요.

앞뒤로 골고루 4분간 부쳐주세요.

율브로맘's Commemt

예전에는 일반 옥수수로 만들어주다가 33개월부터 통조림 옥수수로 만들어주었어요. 옥수수가 달콤해서 잘 안 먹는 채소를 같이 넣어도 잘 먹을 것 같아요. 소금 간을 조금 추가하면 밥반찬으로도 좋아요.

조리시간
15분

주재료 · 식빵 3장 · 3회 분량

부재료 · 버터 20g, 다진 마늘 1/3큰술, 꿀 1큰술, 파슬리 가루 조금

① 버터 20g을 녹이고 다진 마늘 1/3큰술, 꿀 1큰술, 파슬리 가루 조금 섞어서 소스를 만들어주세요.

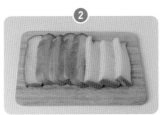

② 식빵 4장은 스틱 모양으로 길게 3등분해주세요.

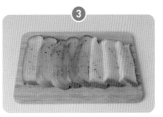

③ 빵에 마늘버터 소스를 발라주세요.

④ 180도로 예열한 에어프라이어에 6분간 구워주세요.

 율브로맘's Commemt

30개월부터 자주 만들어주었던 간식으로 처음엔 마늘을 아예 빼고 만들어주다가 차츰 양을 늘려갔어요. 식빵 10장은 한자리에서 우습게 뚝딱하는 율브로예요. 인스타그램에 공유하고 아이들보다 엄마들에게 인기 폭발이었던 요리 중 하나이기도 해요. 아이들 취향이나 개월 수에 맞게 마늘이나 꿀 양을 조절해주세요.

감자스틱

조리시간
25분

주재료 · 감자 2개(300g)

부재료 · 소금 조금, 식용유 1큰술

2회 분량

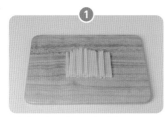

1 감자 2개는 가늘게 채 썰어주세요.

2 채 썬 감자를 물에 5분 정도 담가 전분기를 제거하고 물기를 빼주세요.

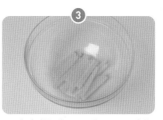

3 볼에 감자를 담고 소금을 조금 뿌린 후 식용유 1큰술을 넣고 버무려주세요.

4 에어프라이어에 감자가 겹치지 않게 깔아주세요.

5 190도에 15분간 굽고 한 번 뒤적인 후 7분 더 구워주세요.

율브로맘's Commemt

서로 더 먹겠다고 양손으로 집어 먹었던 간식이에요. 엄마 아빠 맥주 안주로도 좋아요. 에어프라이어 온도와 시간이 성공의 포인트예요. 사양에 따라 조금씩 다르니 중간에 한두 번씩 열어보고 조절하세요.

튀기지 않아도 맛있는

모닝빵멘보샤

조리시간 30분

주재료 · 손질한 새우 25마리(250g), 모닝빵 7개 · **3회 분량**

부재료 · 달걀흰자 1개, 전분가루 1큰술, 소금 1/2티스푼, 후춧가루 조금

①

손질한 새우 25마리는 깨끗이 씻어주세요.

②

새우는 잘게 다지고, 달걀흰자 1개, 전분가루 1큰술, 소금 1/2티스푼, 후춧가루 조금 넣고 치대서 반죽을 만들어주세요.

③

모닝빵 7개는 반으로 잘라주세요.

④

반으로 자른 모닝빵을 꾹꾹 눌러 납작하게 만들어주세요.

⑤

빵 속에 새우 반죽을 적당히 넣고 살짝 눌러주세요.

⑥

에어프라이어에 종이호일을 깔고 빵을 넣어주세요.

⑦

170도에 10분간 굽고, 뒤집어서 7분 더 구워주세요.

 율브로맘's Commemt

빵을 좋아하는 첫째 아이가 2개를 먹고도 더 달라고 해서 난감했던 모닝빵멘보샤! 기름에 튀기지 않아 중식 멘보샤보다 느끼하지 않고 담백해서 아이들이 먹기 부담스럽지 않아요. 식빵으로 만들어도 좋고, 새콤달콤한 소스에 찍어 먹으면 더 맛있어요. 에어프라이어 사양마다 다르니 속까지 잘 익도록 온도와 시간 조절을 해주세요.

부드럽고 고소한

두부튀김

조리시간 20분	주재료 · 두부 1모(290g)	· 2회 분량
	부재료 · 밀가루 30g, 달걀 2개, 빵가루 60g, 식용유 100㎖, 소금 조금	

두부 1모는 먼저 반으로 자른 후 1cm 두께로 납작하게 썰어주세요.

자른 두부를 키친타월에 올려 물기를 빼고 소금을 조금 뿌려 밑간을 해주세요.

달걀 2개를 풀어주세요.

두부에 밀가루, 달걀물, 빵가루 순으로 튀김옷을 입혀주세요.

팬에 식용유 100㎖를 붓고 170도에서 두부를 넣고 앞뒤로 4분간 튀겨주세요.

 율브로맘's Commemt

지금보다 어렸을 때 소스 없이도 잘 먹었어요. 이젠 오리엔탈 소스나 케첩, 돈가스 소스 등 여러 소스에 찍어 먹는 걸 더 좋아해요. 카레에 찍어 먹어도 괜찮아요. 담백하고 고소해서 엄마들에게도 맛있는 간식이고 다이어트 요리로도 좋을 것 같아요.

바삭바삭 고소하고 담백한

팽이버섯튀김

| 조리시간 20분 | 주재료 · 팽이버섯 100g | 2회 분량 |

주재료 · 팽이버섯 100g

부재료 · 튀김가루 2/3컵(종이컵), 물 2/3컵(종이컵), 식용유 100㎖, 소금 조금, 후춧가루 조금

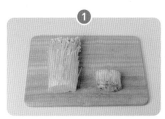

1 팽이버섯 100g은 밑동을 잘라내고 흐르는 물에 씻어 물기를 빼주세요.

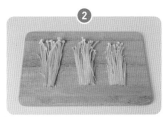

2 팽이버섯을 가지런히 펼쳐 소금과 후 춧가루를 조금 뿌려주세요.

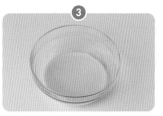

3 튀김가루 2/3컵, 물 2/3컵을 섞어 반 죽을 만들어주세요.

4 팬에 식용유 100㎖를 붓고 170도로 예열해주세요.

5 반죽을 골고루 묻힌 팽이버섯은 최대 한 얇게 펼치고 밑동을 살짝 집어 은 행잎 모양으로 튀겨주세요.

6 앞뒤로 노릇노릇 3분간 골고루 튀겨 주세요.

율브로맘's Commemt

30개월의 율브로에게는 조금 질긴 밑동 부분까지 얇게 펼쳐서 튀겨주었어요. 전체적으로 바삭해서 더 잘 먹을 수 있어

요. 버섯인 줄 모르고 새우튀김, 고구마튀김, 과자튀김이라고 하기도 했어요. 아이들만 주지 말고 엄마 아빠도 꼭 드셔

보세요. 술 한잔이 생각나는 아주 탁월한 안주가 될 거예요.

조리시간 20분

주재료 · 표고버섯 5개(130g)

· 2회 분량

부재료 · 올리고당 1큰술, 튀김가루 1/2큰술, 튀김가루 1/2컵(50g), 물 1/2컵(50㎖), 식용유 100㎖

❶

표고버섯 5개는 흐르는 물에 살짝 씻고 물기를 완전히 말려주세요.

❷

씻은 표고버섯을 한입 크기로 편 썰어주세요.

❸

편 썬 표고버섯에 올리고당 1큰술을 골고루 묻힌 후 튀김가루 1/2큰술을 묻혀주세요.

❹

튀김가루 1/2컵, 물 1/2컵을 섞어 튀김 반죽을 만들어주세요.

❺

표고버섯에 튀김옷을 입혀주세요

❻

팬에 식용유 100㎖를 붓고 170도에서 표고버섯을 넣고 앞뒤로 골고루 4분 간 튀겨주세요.

율브로맘's Commemt

율브로가 3세 때 처음 만들었던 간식이에요. 막내 아이는 팽이버섯은 볶아주든 튀겨주든 국에 넣어주든 다 잘 먹지만, 표고버섯은 향이 강해서 그런지 잘 안 먹어서 걱정했는데 이렇게 튀겨주면 거부감 없이 잘 먹는답니다. 처음에는 버섯 인 줄 모르고 고기튀김이냐고 묻기도 했어요. 더 어린 아이들은 더 작게 썰어서 만들어주세요.

식사 대용으로도 좋은

간장떡볶이

조리시간 25분

주재료 · 떡볶이떡 300g, 어묵 2장

3회 분량

부재료 · 양파 1/4개, 표고버섯 2개, 파 1대, 무 100g, 당근 30g, 가지 1/3개, 멸치 1줌(5마리), 다시마 1장(4×4cm), 간장 2큰술, 참기름 1큰술, 올리고당 1큰술, 설탕 1큰술, 다진 마늘 1/3큰술, 물 500㎖, 통깨 조금

① 떡볶이떡 300g은 물에 씻은 다음 5분 정도 물에 불려주세요.

② 어묵 2장은 2×2cm 크기로 썰고, 양파 1/4개, 표고버섯 2개는 편 썰기, 파 1대는 어슷썰기를 해주세요.

③ 무 100g은 나박나박 썰고, 당근 30g, 가지 1/3개는 0.5cm 두께로 반달썰기를 해주세요.

④ 간장 2큰술, 설탕 1큰술, 다진 마늘 1/3큰술, 올리고당 1큰술을 섞어 양념장을 만들어주세요.

⑤ 물 500㎖에 다시마 1장, 손질한 무, 표고버섯, 멸치 1줌을 넣고 10분간 끓여주세요.

⑥ 끓인 육수에서 다시마와 멸치만 건져내고 떡볶이떡, 어묵, 양파, 당근, 가지, 파, 양념장을 넣어주세요.

⑦ 중강불에 저어가며 7분간 끓인 후, 참기름 1큰술과 통깨를 뿌려주세요.

율브로맘's Commemt

개월 수가 적은 아이들은 떡을 더 잘게 잘라주고 간을 조절해주세요. 율브로는 살짝 매콤한 떡볶이도 좋아해서 고추장을 조금 넣기도 해요. 고춧가루와 고추장을 넣어 매콤하게 만들면 어른들도 맛있게 먹을 수 있어요.

쫄깃하고 바삭한

김말이튀김

조리시간 30분

주재료 · 당면 80g, 김밥용 김 4장

3회 분량

부재료 · 당근 40g, 간장 1큰술, 참기름 1/2큰술, 설탕 1/3큰술, 튀김가루 100g, 물 150㎖, 식용유 150㎖, 소금 조금, 후춧가루 조금

❶
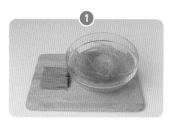

당근 40g은 채 썰고, 당면 80g은 물에 담가 30분간 불려주세요.

❷

채 썬 당근은 팬에 식용유를 살짝만 두르고 소금을 살짝 뿌려 1분간 볶아주세요.

❸

불린 당면은 끓는 물에 5분간 삶아주세요.

❹

삶은 당면은 찬물에 헹궈 물기를 빼고 듬성듬성 잘라주세요.

❺

당면에 볶은 당근을 넣고 간장 1큰술, 참기름 1/2큰술, 설탕 1/3큰술을 버무려주세요.

❻
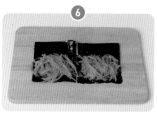

김은 4등분으로 잘라 ⑤의 당면을 적당히 올리고 말아주세요.

❼
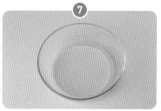

튀김가루 100g에 물 150㎖를 섞어 튀김반죽을 만들어주세요.

❽

김말이에 튀김옷을 입혀주세요.

❾

팬에 식용유 150㎖를 붓고 170도에서 김말이를 넣고 노릇노릇 튀겨주세요.

율브로맘's Commemt

율브로 30개월 때 남은 잡채를 보고 생각나 만들어준 메뉴예요. 바삭한 식감 때문인지 잘 먹더라고요. 처음엔 간장 없이 주었고 이젠 간장에 물을 희석해서 찍어 먹게 해주었어요. 떡볶이랑 먹기에도 너무 좋은 간식이에요. 튀김옷 대신 라이스페이퍼를 말아서 튀겨도 쫀득쫀득 맛있어요.

율브로맘's Recipe

새콤달콤
아이들이 너무나도 좋아하는

소떡소떡

조리시간
20분

주재료 · 비엔나소시지 18개(160g), 떡볶이떡 150g

3회 분량

부재료 · 고추장 1/4큰술, 케첩 2큰술, 간장 1/2큰술, 꿀 1큰술, 올리고당 1큰술, 다진 마늘 1/3큰술,
물 4큰술, 식용유 3큰술, 꽂이 6개

① 고추장 1/4큰술, 케첩 2큰술, 간장 1/2 큰술, 꿀 1큰술, 올리고당 1큰술, 다진 마늘 1/3큰술, 물 4큰술을 섞고 중불에 3분간 끓여 소스를 만들어주세요.

② 비엔나소시지 18개는 칼집을 내서 끓는 물에 30초 정도 데치고 물기를 빼주세요.

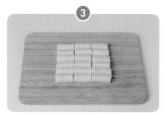

③ 떡볶이떡 150g은 소시지와 같은 크기로 잘라 18개를 만들어주세요.

④ 자른 떡을 끓는 물에 30초간 데치고 물기를 빼주세요.

⑤ 꽂이에 소시지와 떡을 번갈아 3개씩 꽂아주세요.

⑥ 팬에 식용유 3큰술을 두르고 앞뒤로 2분씩 구워주세요.

⑦ 앞뒤로 양념 소스를 조금씩 발라주세요

 율브로맘's Commemt

세 살 때는 소스 없이 그냥 구워만 줘도 잘 먹었어요. 4세가 되면서 소스를 발라주기 시작했어요. 매운 것을 잘 못 먹는

아이들은 고추장을 빼고 소스를 만들어줘도 좋고요. 개월 수가 적은 아이들은 작은 크기로 자르고 양념은 개월 수에 맞

게 조절해주세요.

INDEX

Recipe

Recipe

Recipe